长江设计文库

长江中下游
滨水景观植物配置

熊媛　马大庆　姚远　黄贵良　著

长江出版社
CHANGJIANG PRESS

图书在版编目（CIP）数据

长江中下游滨水景观植物配置 / 熊媛等著.
武汉：长江出版社，2024.3. -- ISBN 978-7-5492-9327-8

Ⅰ.①长… Ⅱ.①熊… Ⅲ.①长江中下游－园林植物
－景观设计 Ⅳ.① TU986.2

中国国家版本馆 CIP 数据核字 (2024) 第 029149 号

长江中下游滨水景观植物配置
CHANGJIANGZHONGXIAYOUBINSHUIJINGGUANZHIWUPEIZHI
熊媛等 著

责任编辑： 郭利娜 杨芷萱
装帧设计： 刘斯佳
出版发行： 长江出版社
地　　址： 武汉市江岸区解放大道 1863 号
邮　　编： 430010
网　　址： https://www.cjpress.cn
电　　话： 027-82926557（总编室）
　　　　　 027-82926806（市场营销部）
经　　销： 各地新华书店
印　　刷： 武汉新鸿业印务有限公司
规　　格： 787mm×1092mm
开　　本： 16
印　　张： 16
字　　数： 360 千字
版　　次： 2024 年 3 月第 1 版
印　　次： 2024 年 3 月第 1 次
书　　号： ISBN 978-7-5492-9327-8
定　　价： 108.00 元

前言
PREFACE

从古至今，人们都喜欢逐水而居，到了 21 世纪的今天，人们对水的情感依赖，依然是无法割舍。滨水景观作为城市重要的水陆过渡地带，在改善生态环境、增强城市公共空间活力、协调城市可持续发展方面发挥着重要作用。但随着我国现代化建设事业的飞速发展和城市人口的激增，工业和生活污水不可避免地影响滨水空间，导致滨水空间自然环境恶化，生态失衡，人们日渐失去了近水、亲水的机会。

在此背景下，党的二十大报告提出，我们坚持绿水青山就是金山银山的理念，统筹产业结构调整、污染治理、生态保护、应对气候变化，协同推进降碳、减污、扩绿、增长，推进生态优先、节约集约、绿色低碳发展。随着人民的生态保护意识的增强和精神需求的提高，人与自然的和谐相处越来越受到关注，滨水空间的生态建设成为保护和恢复生态环境的重要内容。

滨水景观在景观设计中占据重要地位，对提高城市人居环境的舒适度、改善自然环境、增强城市形象等方面都起着重要作用。而植物景观配置作为滨水景观的主要要素，对于改善生态环境、美化生活环境，乃至树立良好的城市形象和弘扬地域文化都有着举足轻重的作用，其外在形式决定着生态环境氛围的营造。

基于此，本书根据长江勘测规划设计研究有限责任公司多年来致力滨水空间景观设计的研究成果和实践经验，聚焦具有代表性的水资源丰富、水环境多样的长江中下游地区，以园林设计、园林生态学、植物学、美学等相关理论为基础，通过对滨水绿化配置技术进行系统的总结，包括配置原则、种植方式研究、配置模块分析、常用植物以及设计标准总结等方面,并将以上内容融入工程实践应用当中。其成果可作为今后滨水绿化的规划设计、建设的借鉴资料,以期为建立一个环境优美、生态良好、充满活力且具有地方特色的长江中下游滨水空间做出贡献。

全书共分为7个章节,各章节编写分工如下:第1章和第4章由熊媛编写,共计12万字;第3章和第5章由马大庆编写,共计8万字;第6章由姚远编写,共计8万字;第2章和第7章由黄贵良编写,共计7万字。

本书作为"滨水空间规划设计湖北省工程研究中心"的研究课题之一,对于科学、规范开展滨水空间规划设计与建设具有重要意义。本书在编制过程中得到了该研究中心和长江勘测规划设计研究有限责任公司的大力支持,本书编著者均为长期从事滨水空间规划、景观设计和项目运行管理的一线人员,对他们在工作之余参加本书编写所付出的辛勤劳动表示衷心的感谢。

编 者

2023 年 10 月

目 录
CONTENTS

第1章 绪 论

1.1 研究背景

随着现代工业的发展、城镇人口的激增、工业和生活污水的影响,滨水空间自然环境日益恶化,滨水生态受到严重威胁。近年来,我国越来越重视生态环境的保护工作,加大生态保护的力度。党的二十大报告提出,我国要推进美丽中国建设,坚持山水林田湖草沙一体化保护和系统治理,协同推进降碳、减污、扩绿、增长,推进生态优先、节约集约、绿色低碳发展。生态文明建设已成为促进中华民族永续发展的重要举措。2022年11月,在武汉举办的《湿地公约》第十四届缔约方大会上,习近平总书记指出,中国将增进湿地惠民全球福祉,发挥湿地功能,推进可持续发展,应对气候变化,保护生物多样性,建设人与自然和谐共生的现代化,推进湿地保护事业高质量发展。

古往今来,人们执着于在水边构筑开放空间,营造悠闲舒适的滨水环境,让这里流水潺潺,绿荫蔽天,从而形成并发展了滨水景观。滨水绿化配置就是指滨水景观在满足绿化环境的需求,结合滨水植物自身特性,模拟自然水系中水陆边缘植物景观形态进行的绿化设计。滨水植物资源丰富,品种繁多,其分布从陆地逐渐过渡到沉水区域,层次丰富。滨水植物的株型、叶形、花形、花色等也各具特色,具有较高的观赏价值;滨水植物群落的形成为鸟类、鱼类、昆虫等野生动物提供栖息地;部分植物还能吸收水中的污染物,对水体起净化作用,是水体天然的净化器。以生态驳岸形成的岸栖生物栖息环境为基础,构建滨水空间适宜的植物配置模式,有助于通过不同种类的滨水植物组成结构合理、稳定丰富的滨水植物群落和滨水绿带,有助于增强滨水植物群落的生态效益,提高滨水空间景观效果。

1.1.1 相关概念

1.1.1.1 长江中下游

长江中下游位于长江三峡以东,地跨湖北、湖南、江西、安徽、江苏、浙江、上海7个省(直辖市)(图1-1)。它西起巫山,东至黄海,北到大别山,南界江南丘陵,北界淮阳丘陵和黄淮平原,南界江南丘陵及浙闽丘陵,由长江及其支流冲积而成。东西横跨 1000km,南北横穿 400km,总占地面积约 20 万 km²。

图 1-1 长江中下游地区

长江中下游以平原为主,其名为长江中下游平原。这里大多地形平坦,地势低平,海拔大多不超过 50m,是我国第一大平原。这里位于中低纬度地区,属亚热带季风气候,全年温暖湿润。年均 14～18℃,降水在 1000～1500mm,活动积温达到 4500～5000℃,所以农作物一般为两熟至三熟,是我国重要的农业生产地区。由于其地形平坦,因此陆路交通非常方便。而这里以长江为中心的水系非常密集,所以长江地区的水路交通也非常发达,素有"黄金水道"之称。同时因为其独特的环境情况,这里的水资源非常丰富,同时也有丰富的动植物资源以及一些矿产资源,其有色金属资源在中国占有重要地位。

长江中下游地区是我国人口密集、经济最为发达的地区之一,也是我国粮油生产的重要基地,历来就有"鱼米之乡"的美称。该地区包括上海、江苏、浙江、安徽、江西、湖北和湖南等 7 个省(直辖市)。长江中下游平原是指长江三峡以东的中下游沿岸带状平原,是中国三大平原之一,主要由江汉、洞庭湖、鄱阳湖、皖苏沿江、里下河及长江三角洲等 6 块平原组成,素有"水乡泽国"之称,水陆交通发达。长江中下游平原受海陆热力性质差异的影响,雨热同期,有利于农业生产。长江中下游地区水资源丰富,是我国河流网络密度最大的地区,也分布着我国最为集中的淡水湖群,包括鄱阳湖、洞庭湖和太湖等。长江中下游平原的主要土壤类型是黄棕壤或黄褐土,水稻土是我国重要的耕作土壤之一,在长江中下游平原分布较为集中。

长江中下游地区在中国经济社会发展中具有举足轻重的战略地位。2020年,长江中下游地区GDP达355630亿元,占全国GDP总量的35.0%。其中,上海、江苏、浙江3个省(直辖市)GDP达206033亿元,占全国GDP总量的20.3%。2020年,上海、浙江、江苏、湖南、安徽、江西、湖北居民人均可支配收入分别为72232元、52397元、43390元、29380元、28103元、28017元和27881元,其中上海、浙江、江苏3个省(直辖市)人均可支配收入明显高于全国平均水平(32189元)。根据第七次全国人口普查结果,2020年长江中下游地区总人口为40460.0万,占全国总人口的28.7%,比2010年第六次全国人口普查结果增加了2150.4万,增幅为5.6%。其中,上海、江苏、浙江3个省(直辖市)人口增加了1808.1万,增量占该地区人口增量的84.1%,城镇化率均超过70%。

长江中下游地区地处亚热带季风气候区,水热资源丰富,气候温暖湿润,是我国农业生产条件最为优越的地区之一。全年≥10℃年积温4500~6000℃,无霜期210~350天,有条件满足农作物一年两熟至三熟的条件;大部分地区可以发展双季稻,甚至麦(薯、油)—稻—稻一年三熟制。太湖平原、里下河平原、皖中平原、鄱阳湖平原、洞庭湖平原、江汉平原等,历来都是我国著名的农作物主产区,特别是水稻面积和产量均占全国的50%以上。区域内双季稻三熟制和单季稻两熟制并存,长江以南多为一年三熟或两熟制,是我国重要的双季稻主产区;长江以北多为一年两熟或两年五熟制。

1.1.1.2　滨水和滨水区

（1）滨水

滨水,即水滨(waterfront),一般指同海、湖、江河、运河等水域濒临的陆地边缘地带。说起来地貌学、海洋学、生态学等自然科学领域提到海洋和陆地邻接的地带时才用这个词。水滨这个词一般在描述港湾、城市等人类活动时使用。水滨的开发和修整,最初在美国的港湾城市再开发的启发下传到其他国家。所以说到水滨,多半从城市改造的立场讨论大城市港湾时使用。然而,随着民众对城市河流和港湾地区的关心,现在水滨一词不仅指大城市的港湾地带,对中小城市的海岸、江岔、湖泊、河流、运河等地带也在使用,几乎同"水滨空间"和"岸边空间"为同义语。

（2）滨水区

城市滨水区的概念笼统来说就是"城市中陆域与水域相连的一定区域的总称",其一般由水域、水际线、陆域三部分组成。另一种滨水区概念主要是指心理学概念上的滨水,而并非一定是物质上的"滨水"。

城市滨水区是指"城市范围内水域与陆地相接的一定范围内的区域,其特点是由水与陆地共同构成环境的主导要素"。它是城市中自然因素最为密集、自然过程最为

丰富的地域,同时这里人类活动和城市干扰又非常剧烈,可以说,这里是人类活动与自然过程共同作用最为强烈的地带之一。

滨水区(图1-2),意为水边、海滨、湖边,作为城市与江、河、湖、海接壤的区域。它既是陆的边沿,也是水的边缘,它的空间范围包括"200～300m的水域空间及与之相邻的城市陆域空间,其对人的诱致距离为1～2km,相当于步行15～30分钟的距离范围"。并且在城市中具有自然山水的景观情趣和公共活动集中、历史文化因素丰富的特点,具有导向明确、渗透性强的空间特质,是自然生态系统与人工建设系统交融的城市公共开敞空间。

图1-2　滨水区

1.1.1.3　滨水植物

有关滨水植物的概念目前还没有一个具体定论,类似常用的有:岸边植物、水边植物和水体植物。李尚志把岸边植物包括在水生植物中,他认为在园林水景中,对水生植物的分类按其生活习性、生态环境,可分为浮叶植物、挺水植物、沉水植物、海生植物以及沿岸耐湿的乔灌木等岸边植物。岸边植物常有落羽杉(*Taxodium distichum*)、水杉(*Metasequoia glyptostroboides*)、水松(*Glyptostrobus pensilis*)、竹类、水蒲桃(*Syzygium jambos*)、木芙蓉(*Hibiscus mutabilis*)、夹竹桃(*Nerium indicum*)、羊蹄甲(*Bauhinia blakeana*)、假槟榔(*Archontophoenix alexandrae*)、散尾葵(*Chrysalidocarpua lutescens*)、蒲葵(*Livistona chinensis*)等。岸边的乔灌木主要衬托园林水景的背景,给人产生良好的视觉效果,而这些园林植物应具有一定的耐水湿能力。在北方常见的有落羽杉、池杉(*Taxodium ascendens*)、水松、竹类、垂柳(*Salix babylonica*)、槐树(*Robinia pseudoacacia*)、蔷薇(*Rosa multiflora*)、木芙蓉、迎春等；而南方则以高山榕（*Ficus altissima*）、水蒲桃、羊蹄甲、蒲葵、夹竹桃、棕榈（*Trachycarpus fortunei*）等为多（图1-3）。

芦苇

细叶沙草

美人蕉

黄菖蒲

花叶芦竹

千屈菜

香蒲

香根草

慈姑

姜花

细叶芒

蒲苇

落羽杉

池杉

旱伞草

垂柳

斑叶芒　　　　　马蹄金　　　　　水杉　　　　　湿地松

图1-3　滨水植物

汪源等提出：滨水植物是指能够在滨水环境中完成生活周期的植物，包括沿岸的乔灌木、草本、藤本及生长在近岸浅水区的水生植物。其中，乔灌木如垂柳、池杉、湿地松、落羽杉、柽柳（*Tamarix chinensis*）、枫杨（*Pterocarya stenoptera*）、乌桕（*Sapium sebiferum*）等，草本如鸢尾（*Iris tectorum*）、玉簪（*Hosta plantaginea*）等，水生植物如芦苇（*Phragmites communis*）、香蒲（*Typha orientalis*）、菖蒲（*Acorus calamus*）等。

郭春华等比较概括地提出了滨水植物景观的概念，是指在水岸线一定范围内所有植物按一定结构构成的自然综合体。

1.1.1.4　植物景观配置

植物景观，主要是指自然界的植被、植物群落和植物个体，通过人的感官传输到大脑皮层，而产生的一种实在的美的感受与联想，也包括人工创作的植物景观。与植物景观相关的概念很多，在大陆主要有植物配置、植物种植设计、植物造景、植物配植等不同的提法，在中国台湾则采用"栽植计划"，在西方国家中主要采用"Planting Design"的概念。植物配置就是按照园林植物的生长规律和立地条件，采用不同的构图形式，将植物材料和其他的造园题材相结合，以组成不同的园林空间，创建不同的园林景观来满足人们游憩观赏的需要。植物的种植设计是按植物生态习性和园林规划设计的要求，合理配置各种植物，以发挥它们的园林功能和观赏特性的设计活动。植物造景，就是运用乔木、灌木、藤本及草本植物等题材，通过艺术手法，充分发挥植物的形体、线条、色彩等自然美来创作植物景观，也包括人工对植物的修剪整形。植物配置强调利用不同的题材和手法来创造植物景观，植物种植设计则强调按照植物的生态习性来配置具有艺术性的植物景观，而植物造景则强调利用植物的自身特性来营造植物景观[1]。

植物景观设计指运用生态学原理和艺术原理，充分利用植物素材在园林中创造出各种不同空间、不同艺术效果和适宜人居室外环境的活动。它要求在了解每一种园林植物的生物学特性和生态习性的基础上模拟自然群落，设计出与园林规划设计思想、立意相一致的各种空间，创造出不同的氛围。

广泛讨论的园林植物的配置包括两个方面：一方面是各种植物相互之间的配置，考虑植物种类、数量的组合，构图、色彩，以及人文意境；另一方面是植物与其他园林要素如山石、水体、建筑、园路等相互之间的配置。对于植物配置的概念，我国许多学者对此都有自己的见解。王磊认为，植物造景是在满足植物生态学基础上，按照美学原理和环境特点合理配置植物，充分发挥园林植物功能的植物景观。李淑凤认为，植物配置就是利用植物材料结合园林其他素材，按照园林生长规律，采用不同的构图形式，组成不同的园林空间以满足人们的游憩观赏需要。苏雪痕认为，植物造景即应用乔木、灌木、藤本及草本植物为材料来创造景观，充分发挥植物本身形体、线条、色彩等自然美，配置成一幅幅美丽动人的画面，供人们观赏。

1.1.2 研究现状

1.1.2.1 植物配置发展历程研究

植物配置，即运用乔木、灌木、藤本植物以及草本植物等植物材料，通过艺术手法结合考虑各种生态因子的作用，充分发挥植物本身的形体、线条、色彩等方面的美感来创造出与周围环境相适宜、相协调，并表达一定意境或具有一定功能的艺术空间。世界风景园林已经有 6000 多年的历史，在漫长的岁月中，园林植物配置的地位、设计原则、配置方式以至于园林植物的种类都有很多变化，形成了众多不同民族风格、不同地域特色的园林植物景观，对植物配置发展历程的研究有助于推动当今城市园林绿化事业的发展，有助于创造出更具特色、更为美观、更加宜人的植物景观。为此，本节将对植物配置的起源、发展和趋势进行简要的总结。

（1）国外植物配置发展历程研究

1）西方传统园林中的植物配置

a. 古代园林

在人类由原始社会阶段进入农耕文化阶段时，栽培植物就成为主要劳动对象。而把园林植物配置作为一种艺术则体现了人类的文明。那个时代的实物已很难找到，但可以从具有一定历史价值的《旧约圣经》中来寻找一些痕迹。例如，天主乐园中有香柏、扁柏和枫树。在《旧约圣经》中还多次出现过合欢、胡桃、巴旦杏、悬铃木。在西方，无论是基督教的伊甸园，还是希腊神话中的爱丽舍田园，都为人们描绘了天使在密林深处、在山谷水涧嬉戏欢乐的场景。

b. 中世纪欧洲园林

"中世纪"一词是 15 世纪后期人文主义者首先提出的，指西欧历史上从 5 世纪罗马帝国的瓦解，到 14 世纪文艺复兴时代开始前这一段时期，历时大约 1000 年。这段时期又因古代文化的光辉泯灭殆尽,崇尚古代和文艺复兴文化的近代学者常把这段时期称为黑暗时期,在文艺作品中多被描写成战争、骚乱和瘟疫。在稠密的城市和市镇都谈不上什么园林、游乐。为了安全,住宅一般都"城塞化"。在这些坚固的建筑中,空间有限,除了点缀少量花卉外,就是种植药草和果树。

c. 意大利文艺复兴时期园林

文艺复兴运动在 14 世纪始于意大利,15 世纪后半期扩大到欧洲其他国家,16 世纪达到高潮。文艺复兴运动就是要求以人为中心,而不是以神为中心来观察一切。借助于古代希腊、罗马古典文化来反对封建神学,所以叫作"文艺复兴",其实是资产阶级文化的兴起。

意大利境内由山地和丘陵组成,其中丘陵占 80%。夏季在谷地和平原上闷热,而山丘上凉爽,这一地形和气候特点构成了意大利的传统园林形式——台地园林(图 1-4)。台地园具有明显的轴线,呈严格对称的格局。台地上建筑物周围布置植坛,开敞通透,可以俯瞰台下,又可远观园外的景色。意大利台地园自高而低随着地形的变化植物配置也不尽相同。从建筑物开始,向外逐渐减弱整齐图形的控制,而融于自然环境之中,在园林植物的配置上独具特色。早期的庭园中植物种类繁多,以后注重植物本身的个性美。罗汉松挺拔苍翠,常作为庭荫树或列植;伞松具有圆锥形树冠,作背景树,是庭园中最富特色的植物。在平坦地带运用整形的黄杨等作矮绿篱构成几何图案,将花木分开,形成植坛。16 世纪以来,图案式的花坛十分盛行,为了使植坛坚固不变形,将树篱改为木框或铅框或用贝壳、煤块排成行,中间空隙填充带色的砂子或石子。

图 1-4　意大利园林

16世纪末到17世纪,建筑艺术发展成巴洛克式,园林形式也有了新的变化,追求的是新奇、夸张和大量的装饰。林荫道交错纵横,甚至应用了城市广场的三叉式林荫道。植物修剪的技巧发展成为"绿色雕刻",形象更加复杂,花纹、曲线更多,以致矫揉造作。由经过修剪的高大绿篱作天幕、侧幕形成的"绿色剧场"开始多起来;植物雕刻比比皆是,或点缀在园地角隅及道路交叉点上,如雕塑和瓶饰一般,或修剪成各种人物、动物形象及几何形体。流行的植物配置手法是以绿廊、绿墙、丛林等造成空间和阴影的突出变化[2]。

d.法国勒诺特式园林

法国大部分地区为平原,地形起伏较小。境内河流纵横交错,土地肥沃,宜植物种植,森林面积占国土面积的近1/9。17世纪法国达到了有史以来财富和能力的顶峰,园林也开始具有更华丽的外貌。于是,安德烈·勒诺特这位天才得以脱颖而出,使古典主义园林艺术在法国得到了巨大发展,取得了辉煌的成就。

勒诺特是法国古典主义园林的集大成者,他的作品体现出一种庄重典雅的风格,更为重要的是,勒诺特成功地以园林的形式表现了皇权至上的主题思想。在勒诺特式园林的构图中,府邸总是中心,起着统帅的作用,通常建在地形的最高处。建筑前的庭院与城市中的林荫大道相衔接,其后面的花园在规模、尺度和形式上都服从于建筑。并且在其前后的花园中都不种高大的树木,为的是在花园里处处可以看到整个府邸(图1-5)。而由建筑内向外看,则整个花园尽收眼底。从府邸到花园、林园,人工味及装饰性逐渐减弱。林园既是花园的背景,又是花园的延续。花园本身的构图,也体现出专制政体中的等级制度。在贯穿全园的中轴线上,加以重点装饰,形成全园的视觉中心。最美的花坛、雕像、泉池等都集中布置在中轴上。横轴和一些次要轴线,对称布置在中轴两侧。小径和辅道的布置,以均衡和适度为原则。整个园林因此编织在条理清晰、秩序严谨、主从分明的几何网格之中。

由于地形平坦,花坛成为法国花园中最重要的构成要素之一。从把花园简单地划分成方格形花坛,到把花园当作整幅构图,按图案来布置刺绣花坛,形成与宏伟的宫殿相匹配的气魄。勒诺特常用的花坛有6种类型:"刺绣花坛",也是最美丽的花坛,以黄杨做成图案,主要用在主体建筑的前方;"组合花坛",由涡形图案植坛、草坪、花结和花丛等4个对称部分组成的花坛;"英国式花坛",就是一片草地或经修剪成形的草地,它的四周辟有一米宽的小径,外侧再围以花卉构成的栽植带,这是一种最不显眼的花坛;"分区花坛",是由完全对称布置的黄杨篱构成,其中看不出草坪或刺绣图案;"柑橘花坛",与前述的英国式花坛相似,不同之处在于柑橘花坛中种满了柑橘及其他灌木;"水花坛",由几何形草坪、水池和喷泉组合而成。

图1-5 法国勒诺特式园林

e. 英国风景式园林

18世纪英国自然式风景园的出现,结束了欧洲由规则式园林统治的长达千年的历史,这是西方园林艺术领域内的一场极为深刻的革命。风景园的产生与形成,同当时英国的文学、艺术等领域中出现的各种思潮及美学观点的转变有着密切的关系。在当时的诗人、画家、美学家中兴起了尊重自然的信念,他们将规则式花园看作是对自然的歪曲,而将风景园看作是一种自然感情的流露,这为风景园的产生奠定了理论基础。其次,英国的自然地理及气候条件也对风景园的形成起到了一定的作用。英国的北部为山地和高原,南部为平原和丘陵,属温带海洋性气候。充沛的雨量、温和湿润的气候,使这个高纬度地区有着适宜植物生长的自然条件。英国的森林面积只占国土面积的1/10,在农业上传统的畜牧业占据着主导地位,牧场面积至今仍占国土面积的2/5。因此,缓坡牧场和孤立树构成了英国优美的自然景观。此外,英国人对园艺有着一种与生俱来的爱好,热衷于花卉的栽培。广袤的花园和树木、牧场和草坪很好地衔接在一起,视线开阔,一望无际。

英国风景式园林(图1-6)受英国国土景观的影响,园内以大面积的草地和树丛为主,与园外的牧场和树林完全融合在一起,形成独特的疏林草地风光。草地便于人们开展各类活动或游戏,树丛与草地形成对比,又在草地上投下阴影。疏林草地因造价低、管理简便、可满足大量游人自由活动而多用于现代休闲式城市公园中[3]。

图 1-6 英国风景式园林

f. 近代美国园林

美国是一个地域辽阔,而历史却很短的国家,直到 1776 年,才摆脱了殖民统治,宣布独立。在殖民统治时期,美国各地只有小规模的宅园,无豪华壮丽可言,其形式基本上反映了殖民地各宗主国园林的特征。18 世纪后,出现了一些经过规划而建造的城镇,才有了公共园林的雏形。

19 世纪,在进入相对稳定的时期后,园林事业才开始有所发展。此时,在园林界出现了一位举足轻重的人物——安德鲁·唐宁(1818—1852 年)。1850 年唐宁到英国访问,当时正值英国风景园处于成熟时期,唐宁从雷普顿的作品中受到很多启示。他也高度评价美国的大地风光、乡村景色,并强调师法自然的重要性;他主张给树木以充足的空间,充分发挥单株树的效果,表现其美丽的树姿及轮廓。这一点对今天的园林设计者来说,仍有借鉴意义。

继承并发展了唐宁思想的是另一位杰出人物奥姆斯特德(1822—1903 年),他是第一个以"Landscape Architecture"一词代替英国人的术语"Landscape Gardening"、用"Landscape Architect"代替"Landscape Gardener"的人。1854 年,他与沃克斯(1824—1895 年)合作,以"绿草地"为题,赢得了纽约中央公园设计方案竞赛的大奖,从此名声大振。在纽约中央公园(图 1-7)的设计方案中,奥姆斯特德明确提出了以下构思原则:

①满足人们的需要,为人们提供周末、节假日休息所需的优美环境,满足全社会各阶层人们的娱乐要求;

②考虑自然美和环境效益,公园规划尽可能反映自然面貌,各种活动和服务设施

应融于自然之中；

③规划应考虑管理的要求和交通方便；

④保护自然景观,在某些情况下,自然景观需要加以恢复或进一步强调；

⑤除了在非常有限的范围内,尽可能避免使用规则式保持公园中心区的草坪和卓地；

⑥选用乡土树种,特别用于公园周边稠密的种植带中；

⑦道路应呈流畅的曲线,所有道路均呈环状布置；

⑧全园以主要道路划分不同区域。

这些原则以后被美国园林界归纳为"奥姆斯特德原则",对于现在的公园规划和植物配置仍然具有十分重要的指导意义。

图 1-7　美国纽约中央公园

g. 西方现代园林

从 20 世纪 60—70 年代开始,伴随着现代工业的飞速发展、科学技术的日新月异、全球城市化发展进程的加快,产生了一系列生态环境问题。雷切尔·卡逊的《寂静的春天》把人们从工业时代的富足梦想中唤醒；林恩·环特揭示了环境危机的根源来自西方文化的根基,即"创世纪"本身,而加勒特·哈丁的"公有资源的悲剧"则揭示了资源枯竭来源人类的本性和资本主义经济的本质；多纳拉·米德斯则计算出地球资源的极限,警示了人类生存的危机。所有这些都把设计师们从对美与形式及优越文化的陶醉中引向对自然的关注,引向对其他文化中关于人与自然关系的关注。以研究人类与自然间的相互作用及动态平衡为出发点的生态设计思想开始形成并迅速发展。景观设计师开始懂得用植物而非人工大坝更能有效地防止水土流失,微生物而非化学品能更持久地维持水体清洁;太阳能比核裂变更安全;泥质护岸比水泥护岸更经济持久;自然风比空调更有利于健康。这是对自然和文化的一种全新的认识。在此背景下,产生了伊恩·麦克哈格的"设计尊重自然"思想,也产生了更为广泛意义上的生态设计。由于种种原因,现代园林景观设计的生态思想发展最早和最快的始终是以美国为代表的欧美发达国家和地区,并由此引发和推动世界其他地区生态设计的演变和发展。

2)东方传统园林中的植物配置

自古以来,园林植物一直是日本庭园景观的重要组成部分,由于当地自然气候、地理条件及造园师对庭园植物配置的特殊要求,日本庭园在植物配置方面有如下较为明显的特征(刘少宗,2003):

①在自然式框架中,布置成各式树群、树丛,形成自然景色;

②庭园一般比较淡雅苍翠,常绿树比较多,一旦利用色彩对比则很鲜明,如使用杜鹃、红枫或樱花与周围的草地或常绿树形成强烈对比;

③枯山水、茶庭常利用美妙树姿的独立树点缀,十分幽雅;

④在自然式的配置中,有的乔木、灌木依然进行较重的整形修剪,在后期养护期间仍然继续修剪;

⑤在与护岸、山麓的岩石配置时,非常注意树的品种和姿态;

⑥在茶庭或某些庭园局部有一定的种植模式。

日本园林(图1-8)植物配置有一个突出特点,即同一园内的植物品种不多,常常是以一、两种植物作为主景植物,再选用另一、两种植物作为点景植物,层次清楚、形式简洁而美观。所以,当人们从高处鸟瞰园林时,可能会看到整片庭园树林中所植均为松树。而通过类型较少的几种植物的配置如用一棵松再加上几丛杜鹃却能够形成丰富多变、构图均衡的各种空间。而对于空间的认识更多地体现于对园内植物的复杂多样的修整技艺中。例如,有的植物修整旨在展开树木,使其枝干间的空间层次分明,不仅可强化枝干的自然形态,还可突出空间自身。

在日本庭园里,成丛的种植往往采取二对一、三对一、五对一等方式。丛植的各株间距要使人们从任何角度都能看到全丛的各株树木。在池畔的树,有的不宜生长过高,不然会影响到湖边赏月。树丛本身不宜过密而影响通风,或不利于地形起伏的显出,也不宜过于稀疏导致树间关系中断。多株树或每个树丛不仅本身应是优美的,而且要使全园增色。这一丛对另一丛要能相互平衡,这个空间和另一空间相接。直线和弧线相连,空间和线条产生韵律等。总之,要求多样中的统一。

图 1-8　日本园林

（2）国内植物配置发展历程研究

1）中国古典园林

中国传统造园历来重视植物配置。在古典园林以人工塑造的自然景观环境中，植物素材起着不可替代的作用。植物的枝叶花果色彩丰富，姿态各异，足以构成千姿百态的画面，再经过造园家的精心选择、巧妙配置，契合时间、空间变化，则可形成充满诗情画意，强烈感染游人的园林景观（图 1-9）。

图 1-9　中国古典园林

a. 殷商至秦汉时期园林植物配置

20 世纪 70 年代，考古学家在浙江余姚河姆渡新石器文化的遗址发掘中，获得一块刻有盆栽花纹的陶块。可见，早在 7000 年前我国就有花卉栽培了。然而，园林植物在各个历史时期,随着生产力水平的不断提高,人们对其的认识和应用,也在不断地加深和发展。我国最早的园林形式是囿,出现在殷商时期,它是将一定地域加以范围,让花草果木、鸟兽鱼虫滋生繁育,并挖池筑台,以供帝王贵族狩猎、游乐后来统称园囿,以后则发展为以种植观赏花木为主的园苑。在长达五六百年的西周至春秋时期,我们从闻名中外的《诗经》中可知此时园林植物主要是为人们提供生产、生活资料,其中桃、李、棠棣、木瓜、梅等已成为众人喜爱的观赏花木。据载,吴王夫差曾造梧桐园、会景园,记载中说:"穿沼凿池,构亭营桥,所植花木,类多茶与海棠。"这说明当时造园及花木配置已具有相当高的水平。战国时期,屈原《离骚》中载有"朝饮木兰之坠露兮,夕餐秋菊之落英",这里明确提到木兰与菊花已成为观赏植物。

秦汉期间,随着封建社会的出现及生产力水平的提高和农业的发展,园林植物的种与品种都很繁多,引种驯化活动也十分频繁,此时人们对植物是综合利用,观赏、食用及提供生产资料等。值得注意的是,在多年前的秦代,我国就有了街道绿化。

b. 魏晋南北朝时期园林植物配置

魏晋南北朝时,随着自然山水园林的出现,人们对园林中的植物配置也愈加讲究。《洛阳伽蓝记》中记载"当时四海晏清,八荒率职……于是帝族王侯、外戚公主,擅山海之富,居川林之饶。争修园宅,互相夸竞。崇门丰室,洞户连房;飞馆生风,重楼起雾。高台芳榭,家家而筑;花林曲池,园园而有。莫不桃李夏绿,竹柏冬青。""入其后园,见沟渎蹇产,石磴礁峣,朱荷出池,绿萍浮水,飞梁跨阁,高树出云。"可见,此时园林中树木很多,配置上已很讲究意境。西晋大官僚石崇的金谷园,园内树木繁茂,植物配置以柏树为主调,其他的种属则分别与不同的地貌相结合而突出其成景作用,如前庭配有沙棠,后园植有乌椑,柏木林中梨花点缀等。

c. 隋唐时期园林植物配置

隋唐时期是我国封建社会的兴盛时期,政治、经济、文化都有很大的发展,农业生产空前繁荣,同时也是古典园林的全盛时期。隋炀帝所筑西苑,方圆二百里,苑内十六院绕龙鳞渠而筑,庭院周围均植名花,渠上有桥,过桥百步,即是郁郁葱葱的杨柳与修竹。这里种植的植物,已作精心布局,使山水、建筑、花木交相辉映,景色如画。在唐明皇的宫苑中,植物配置合理,如沉香亭前植木芍药,庭院中植千叶桃花,后苑有花树,兴庆池畔有醒醉草,太液池中栽千叶白莲,太液池岸有竹数十丛;唐朝的长安城人口一百多万,是当时世界上规模最大、规划最严谨的一座繁荣城市。政府对城市街道绿化十分重视,严禁任意侵占街道绿地。居住区的绿化由京兆尹相当于市长直接主持。居民分片包干种树,"诸街添补树……价折领于京兆府,仍限八月栽毕"。主要街道的行道树以槐树为主,间植榆、柳;皇城、宫城内则广种梧桐、桃树、李树和柳树。

d. 宋元时期园林植物配置

宋元明清时期为我国古典园林的成熟期,造园时对花木的选择栽植,利用园林植物配置已形成其独特的风格。造园时十分注意利用绚丽多彩、千姿百态的植物,且注意一年四季的不同观赏效果,乔木以松、柏、杉、桧等为主,花果树以梅、李、桃、杏为主;花卉以牡丹、芍药、山茶、琼花、茉莉等为主。临水植柳,水面植荷渠,竹林密丛等植物配置,不仅起绿化作用,更多的是注意观赏和造园的艺术效果。

在宋朝出现了以花木为主的园林,如天王花园子、归仁园、李氏仁丰园。《洛阳名园记》中记载归仁园"归仁,其坊名也。园尽此一坊,广轮皆里余。北有牡丹芍药千株,中有竹百亩,南有桃李弥望",说明此园为一个花簇锦绣,植物配置种类繁多,以花木取胜的园子。

元朝的版图大,宗教活动多且复杂,寺观庙宇也很多,其中多有建置园林的,其中又以位于西湖北岸的大承天护圣寺景观最美。当时到过大都的朝鲜人写的《朴通事》对其有详尽生动的描写:"殿前阁后,擎天耐寒傲雪苍松,也有带雾披烟翠竹,诸杂名花奇树不知其数。"可见,在优美的园林景观中,植物的造景作用是必需的。

e. 明清时期园林植物配置

明清时期是园林植物配置继承和变革共存并相互促进的时代。一方面,文化艺术领域有着浓重的"仿古"情结,反映在植物配置上,就是强调要有"古意"——植物配置形式和文化内涵能和古代范例相呼应,逐渐把历代优秀园林植物配置理法归纳成各种"程式",在园林中广泛使用。另一方面,又强调设计要不落俗套。明清园林植物配置同时强调"古"和"奇"的现象生动地反映了继承和变革的并存。

清代晚期园林,因建筑物增多,花木不可能密集种植,因此改为同种植物少数植株进行丛植,如丛桂之内,不以其他花木杂之。或采用几种花木少数植株进行群植,如在粉墙前面竖以湖石,再配置芭蕉、翠竹和其他花木,使其富于诗情画意,或在大树周围用砖石砌成花坛,栽植各种花卉,或在漏窗、景窗前配置园林植物,使之构成一幅幅生机盎然的图画。尤其在庭园中还运用盆花以弥补永久性灌木景观缺乏变化的不足,开花季节,选择佳种,置于台阶回廊两侧,或置于客厅、书斋内,使园景更加美丽而又不失季相变化。

2)中国现代园林中的植物配置

中华人民共和国成立以来,十分重视园林建设,尤其是在党的十一届三中全会以来,由于改革开放的深入及市场经济的建立,人民生活水平不断提高,人们对环境的要求也愈来愈高,运用各种园林植物创造优美舒适的生活环境,建设生态园林,改善环境质量,创造可持续发展的人居环境是时代的召唤,历史的潮流(图1-10)。

1949 年后中国园林植物配置可粗略分为三个时期：

1949—1965 年的恢复、建设时期：中华人民共和国诞生后，园林事业焕发出新的生机。1949—1952 年全国各地以恢复、整理原有公园，并开放私园为主。1953 年，开始实施第一个五年计划，城市园林绿化建设快速发展，新建了杭州花港观鱼公园、合肥逍遥津公园等一批新公园，城市面貌发生了较大变化。当时的公园植物配置在继承传统园林艺术和吸收国外经验的基础上，进行了再创造，创作出一批具有民族特色和时代气息的作品。

1966—1976 年，在反对"封、资、修"和破除"四旧"的旗号下，园

图 1-10 中国现代园林

林绿化受到了极大的破坏。园林植物配置被严重地意识形态化了，"桃红柳绿毒害人"，广州桂花、玉兰等花木被挖，改种穿心莲，以"兼得结合生产和忆苦思甜两样好处"。

"文革"后，我国园林建设掀开了新的一页。1977—1989 年是我国园林建设的蓬勃发展时期，各地新建了一大批公园绿地，比较成功的作品有北京双秀公园、合肥环城公园、南京园林药物园（现南京情侣园）、深圳仙湖植物园等。20 世纪 90 年代后，随着我国城市化进程的发展，城市环境问题越来越突出，植物配置也越来越强调发挥植物的生态作用。1999 年 5 月 1 日至 10 月 31 日在昆明举办了主题为"人与自然——迈向 21 世纪"的世界园艺博览会，各省（自治区、直辖市）均建造了具有地方特色的主题花园，植物配置集中体现了这一时期继承和发展传统园林艺术的新成就。21 世纪初以来，我国园林建设呈现了日新月异的变化，各地园林建设飞速发展，国外园林理论和手法被大量引入中国，我国园林植物配置无论在科学性还是在艺术性方面都有了很大的进步。

（3）植物配置发展趋势展望

21 世纪是人类与自然和谐相处、形成可持续发展的时代。世纪的环境问题已经给人类以深刻的启示，绿色生态文明的出现预示着风景园林的高度发展。几千年的

园林传统将成为园林创作的基础,新学科、新技术的介入是园林事业迅猛发展的催化剂。

20世纪60年底以来,现代风景园林在大量的规划设计探索和尝试中,大力提倡生态效益、环境科学及可持续发展。各国、各地区的园林形式都发生了不同程度的变化。很多国家的园林植物配置已经开始走出传统。日本园林从缩景园的形式变得更加自然、生活化。法国整形式园林早已开始变化,在后来的公园和风景区的植物景观中也构成了郁郁葱葱的景象。中国一些公共园林也与皇家园林或私家园林的传统有了很大区别,在植物配置方面吸收了西方国家的某些特色,也讲究形式美,更富有装饰性,在整形的框架中,也有自然式配置,甚至在道路绿化中也如此。

随着社会的进步,各种新学科、新技术和新理论必然要介入和渗透到园林中来。例如,文化艺术、行为科学、生态学等理论以及基因、信息技术都会使园林艺术包括园林植物配置有新的发展。

近年来,艺术上的"功能主义"也移植到了园林方面,成为现代园林植物设计上的一种理论。功能主义强调设计中各个单位因素的运用和解释。克里斯托弗·唐纳德在他的《现代园林》一书中认为:"功能主义庭园避免了情感主义的自然式庭园和理性主义的规则式庭园中的任何一方走极端的情况。"他赞成"将形式、轴线、对称性构思、外观华丽的装饰性一扫而空"。功能主义能通过美学的实际秩序达到充满"人情味"。另外,"简洁化"的园林设计也成为一种时尚。"简洁化"强调"越单纯就越会增强易于了解的程度"。"在复杂的社会里需要使刺激简单化"。当然,"简洁化"也不是越简单越好,它也应包括一定秩序的多样性和有组织的复杂性。

20世纪80年代,美国学者阿尔伯特·拉特利奇(1990)出版了著名的《大众行为与公园设计》一书,作者把人的行为习惯作为环境设计最重要的依据也是对各设计流派的新挑战。译者在序言中讲道:"设计必须为人,这是当今建筑师必须遵循的原则。"这是因为公园设计的概念和内容已今非昔比,行为科学的介入为其充实了新的内涵。"人的空间行为是环境设计的有机组成部分,在这个环境中,使用者要求发现自我、表现自我,要求思想交流、文化共享……"

生态学的理念也促使园林形式发生了变化。20世纪20年代以后,出现了一些植物群落及其生境完全模仿自然的"生态园林"。近自然群落的营建应以多类型的混合生境创造为基础,利用以地形和水体为主的生境异质性,模拟潜在植被顺应进展演替规律,积极保护自然更新的幼苗幼树,并创造更新种扩展空间的环境条件,如适当抽稀和创建林隙等,改善幼苗幼树的光照和营养空间,并通过管理演替。优化调控群落结构,避免因栽植少量的植物,破坏野生状态的自然多样性。同时,配置为鸟类及其他动物提供食物的物种,如蜜源、浆果和干果植物等。根据生境的自然特点和功能,采用适宜的群落类型,如以种类丰富的草地代替单一的草坪,依照地带性野花的花期、花色、植株高度、习性等,辅以混播或混作,营建色彩斑斓的低维护自然野花群落,改变单一草坪或杂乱野草的格局。再如,开发利用丰富的湿地资源,改变以往搬套陆地的绿化方式,建造带自然边缘的水体和湿地系统,营建水生和湿生群落,发挥近自然绿地群落的独特效益[4]。

1.1.2.2　滨水植物配置研究现状

（1）国外滨水植物配置研究现状

国外在滨水景观建设方面经历了发展、停滞、败落、崛起和辉煌这几个历史过程。从 20 世纪起英国、法国等多个发达国家开始对滨水绿地进行设计和研究,理论著作也不断形成,如麦克哈格的《设计结合自然》、翰欧·西蒙兹的《大地景观——环境规划设计手册》等著作中均提到滨水景观的规划与设计及保护与利用。国外滨水绿地景观建设项目起步较早,针对滨水绿化也有一定的研究,涌现出多个优秀的滨水景观建设的经典案例。

如新加坡从 2006 年推出的《活跃、美丽和干净的水计划》（ABC 计划）。该计划提出了一套新的可持续城市雨水管理设计方案,为水敏城市建设提供了新思路,代表项目是加冷河—碧山滨水公园,获得了新加坡国内外多项大奖。该公园充分利用现状植被资源,保留大面积的现状树林,沿河流预留出大面积草地和耐水湿且具备净水作用的自然植被,形成完善的流水系统,保证了公园的生态循环。美国纽约长岛猎人角南海滨公园将曼哈顿对面 4.5hm² 的废弃工业用地改造成城市滨水区,以应对洪水泛滥和水位上升的威胁。整个公园在洪水位以下区域以成片的休闲草地和耐水湿的丛生灌木、草本地被为主,留出大面积供人们亲水、娱乐的活动空间,成片树木主要集中在洪水位以上区域。该公园利用其优越的场地条件来建立了一个多层次的娱乐文化目的地和环境栖息地。

（2）国内滨水植物配置研究现状

国内在滨水绿化配置上起步较晚,基于 20 世纪 70 年代后在我国沿海、沿江较为发达的城市开始的滨水景观建设,滨水绿化配置也逐渐兴起。90 年代以来,随着城市发展和扩张速度加快,我国通过借鉴国外先进经验,进行大规模的本土化的滨水绿化建设。

国内对于滨水绿化配置的相关研究文献在此之前多是来源国外同类研究。例如,汪源、陈其乐等提出了滨水植物的概念及对滨水植物造景的认识,他们从国内外滨水植物应用简史,滨水植物造景艺术及其在园林中的主要配置方式 3 个方面对滨水植物在园林中的应用加以阐述。到 20 世纪 90 年代末,我国学者探索出一套适合

我国实际情况的滨水绿化配置建设方法。但由于我国幅员辽阔,各地区实际气候和土壤环境各异,各地需要结合实际探讨适合本地的完整设计理论体系和设计模式。

吴玲按生活习性及生态环境将滨水植物分为沉水植物、漂浮植物、浮叶植物、挺水植物、湿生植物。其中,湿生植物指耐水湿能力强,能在河岸边种植的植物,包括湿生草本植物和湿生木本植物。赵家荣按照水生植物的生活方式与形态特性把水生植物分为挺水型(包括湿生与沼生)、浮叶型、漂浮型及沉水型4类。张培培在其硕士论文中对滨水植物景观的划分则更为详细,见图1-11。

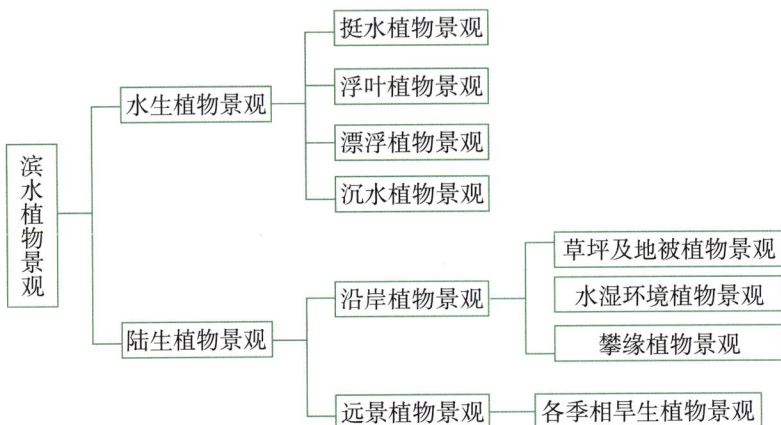

图1-11 滨水植物景观分类

除了关于滨水植物的概念与分类的相关研究外,国内学者也对滨水绿化配置方式等方面进行了深入研究分析。韩阳瑞从植物的选择、配置模式、种植形式多方面介绍了滨水植物种植应该遵循的科学依据。其中植物的选择主要分为骨干树种的选择、开敞空间的植物选择、亲水空间的植物选择、岸线植物选择、水生植物选择5个方面;配置模式有开敞植被带、稀疏型林地、郁闭型密林地圈、湿地植被4种;而种植形式有孤植式、组团式、绿带式、疏林式、自然式5种。林培勋、刘慧兰等分别研究了厦门、昆明湖水生植物资源现状,论述了水生植物布局手法及植物引种、原有物种保护等应注意的问题,并对其在城市水景中的应用进行阐述。黄珂、吴铁就水生植物实际应用中存在着种类欠缺、形式单调、生态功能弱化等问题提出了增加水景中的植物种类、发挥水生植物的生态功能、丰富运用形式等应用对策。吴彩芸通过对杭州城市水景的水生植物调查总结出宽阔水域、小面积水域、自然河流和人工溪流4种不同类型水景的植配模式。程风环等探讨了滨水植物在造景艺术上的手法,以及不同形式水体旁的植物配置方式,提出了建设滨水植物景观必须做到艺术与生态的高度统一。徐晓蕾通过研究各个历史时期的滨水植物景观,总结了滨水景观应用的主要植物种类、应用形式、景观特征、文化内涵。以上代表了我国目前滨水植物景观研究的前沿方向,这些研究对我国现代滨水绿化配置的建设提供了很好的借鉴和指导意义。

1.1.2.3 植物配置原则发展历程研究

(1)生态原则

园林设计者对植物材料的运用,首先应把握其作为造景素材的生命特性,即一切艺术的含义都在活的变化中展现。而且,只有当植物以饱满的活力呈现在人们面前,再加以艺术的设计之后,才算得上完美的艺术作品。而如何保证植物的生命活力以及所需景观的形成,关键在于如何掌握植物与其生存环境的协调关系,即遵循生态原则。生态原则是在尊重植物生态习性的基础上,为缓解环境恶化的现状,结合生态学原理而产生的。

我国古代的园林植物配置就很重视植物与其生长环境的关系。正所谓"草木之宜寒宜暖,宜高宜下者,天地虽能生之,不能使之各得其所,赖种植位置有方耳。""花之喜阳者,引东旭而纳西辉;花之喜阴者,植北囿而领南薰。杜鹃性最喜阴,而恶肥置之树荫之下,则叶青翠可观。"(陈淏子,清);"院广堪梧,堤湾宜柳。""芍药宜栏,蔷薇未架,不妨凭石,最厌编屏。""围墙隐约于萝间,架屋蜿蜒于木末,梧荫匝地,槐荫当庭。"(计成,明);"山松宜植土岗之上。""柳须临池种之。"(文震亨,明)等,即只有满足植物的生态习性才能营造生态良好的人居环境,否则,"有佳卉而无位置,犹玉堂之列牧竖"(陈淏子,清)。我国古典园林中关于植物的传统栽植模式的记载,如栽梅绕屋、堤湾宜柳、槐荫当庭、移竹当窗、悬葛垂萝,反映当时就在实践中对植物生态习性与应用有所总结。

在现代园林的设计中,由于人们对自身生存空间的环境质量和舒适度的期望值越来越高,利用植物调节和改善城市生态环境,提高绿视率成为园林绿化的首要任务。利用生态学原理,合理选择植物种类、精心配置,从而大大提高绿化成活率,形成高质量的绿化景观,并且节约成本,易于管理,是对生态学原则的进一步阐述。在具体应用中,就是要符合因地制宜,适地适树的要求,保证群落多样性和稳定性[5]。

1)尊重植物自身的生态习性

自然界中的植物不仅有乔木、灌木、草本、藤本等形态特征之分,更有喜阴喜阳、耐水湿耐干旱、喜酸喜碱以及其他抗性等生理、生态特性的差异。园林植物配置如果不尊重植物的这些生态特性和生长规律,就会生长不好甚至不能生长。如垂柳好水湿,有下垂的枝条、嫩绿的叶色、修长的叶形,适宜栽植在水边;红枫弱阳性、耐半阴,枝条婆娑,阳光下红叶似火,但是夏季孤植于阳光直射处易遭日灼之害,故易植于高大乔木的林缘区域;桃叶珊瑚的耐阴性较强,喜温暖湿润气候和肥沃湿润土壤,与香樟的生长环境条件相一致,是香樟林下配置的良好绿化树种,如果配置在郁闭度较低

的棕榈林下就生长不良。

2)符合当地自然环境条件特征

植物除了有其固有的生态习性外,还有其明显的自然地理条件特征。每个区域的地带性植物都有各自的生长气候和地理条件背景,经过长期生长与周围的生态系统也达成了良好的互利互补的互生关系。而改变植物的生长环境必然要付出沉重的代价。"大树进城"曾成为一股潮流,虽然其初衷是好的,在短期内可以改善城市的绿化面貌,但事实上,很多"大树"是从乡村周围的山上挖来的野生大树和古树名木,这种移植成本太高,恢复生长慢,成活率低,反而欲速则不达,不可避免地会引发原生地生态环境恶化的危机。其实真正的大树概念应该是苗圃里培育的,经过移植,根系发育良好的胸径为8~15cm的大规格苗木,或者是在特殊情况下,如道路改(扩)建、单位绿地调整,或过密植物群落中抽稀所产生的移植树木,这些树木经过移植确实可以在短期内适应环境条件,用在园林绿地中,与其他植物相得益彰的配置可以达到一定的景观效果和生态效益。

(2)艺术原则

园林学是一门综合性学科,但从其表现形式发挥园林立意的传统风格及特色来看,又是一门艺术学科,涉及建筑艺术、诗词小说、绘画音乐、雕塑工艺……而在诸多的艺术门类中,文学艺术的"诗情画意"对于园林植物景观欣赏与创造的影响尤为明显。中国传统造园极为重视植物的文化内涵,将植物性格拟人化,进行比德赏颂,体现传统造园植物配置的人文意境美。如荀子"岁不寒无以知松柏,事不难无以知君子",周敦颐"莲,花之君子者也",白居易"竹似贤,何哉?竹本固,固以树德……竹性直,直以立身……竹心空,空以体道……竹节贞,贞以立志",植物景观成为人们表达伦理观念,体现文化素养和寄托情思感想的重要手段[6]。

同时,植物配置也必须遵循形式美原则。任何成功的艺术作品都是形式与内容的完美结合,园林植物景观设计艺术也是如此。在建筑雕塑艺术中,所谓的形式美即是各种几何体的艺术构图。植物的形式美是植物及其"景"的形式,一定条件下在人的心理上产生的愉悦感反应。它由环境、物理特性、生理的感应三要素构成。形成三要素的辩证统一规律即植物景观形式美的基本规律,同样也遵循变化、统一、对称、均衡、比例、尺度、对比、调和、节奏、韵律等规范化的形式艺术规律。

(3)季相原则

植物景观中季相是极为重要的,讲究春花、夏叶、秋实、冬干,通过合理配植,达到四季有景。宋朝欧阳修诗曰:"浅深红白宜相间,先后仍须次第栽。我欲四时携酒去,莫教一日不花开。"这种"红白相间""次第花开"的配植方式是值得提倡的。陆游曾有

"花气袭人知骤暖"的诗句,表明各种花木的生长、盛开或凋谢常因时间的变化而更迭,相应的亦可以利用植物来体现季节和时令的变化。正如《园冶》中所言"苎衣不耐凉新,池荷香绾,梧叶忽惊秋落,虫草鸣幽";"但觉篱残菊晚,应探岭暖梅先"(计成,明),故我国对植物配置中时间因素特别是季节变化的研究由来已久。南宋张镃还就欣赏桂隐林泉内的植物景观写了一篇《赏心乐事》,按农历排列十二个月的游赏次序。可见,当时人们较之以前更加注重植物四时的观赏效果,对其了解也更科学化,并已初步掌握了植物叶、花、果等的观赏时序以及文化内涵。

现代园林植物配置对季相的关注更为系统、深入。《园林植物及其景观》一书采用插图,形象地展示了308种常用园林植物不同年龄阶段的整体形态和物候态;《花园设计》对观赏花木的色彩进行描述的同时,还对花期进行分类。诸如此类的研究对于植物配置具有实际的参考价值。

为了比较客观地评价一个地区各种园林木本植物季相的观赏价值,有学者尝试从物候学的角度入手,利用多年的物候观测资料,依据植物展叶、开花、叶变色和落叶等物候相出现日期的早晚,对北京植物园的70多种木本植物进行了物候相分类与组合研究;有学者研究了广州市天河公园、二沙岛住宅区、广州大道和珠江北岸等4个代表区域共110种园林木本植物的开花、结果、落叶、长叶等物候情况;还有学者立足于公园原有的植被景观特色,针对深圳莲花山公园一些主要树种的物候变化进行分析,阐述了物候更替对植被景观的影响,同时分析了主要群落的植被景观特色,及植被景观与物候变化的正负效应关系,对植被景观的改造提出了建议。这些研究为进一步研究植物配置的季相原则提供了可尝试的途径。

其实,植物的季相变化是植物对气候的一种特殊反应,是生物适应环境的一种表现。如大多数的植物会在春季开花,发新叶;秋季结实,而叶子也会由绿变黄或其他颜色。植物的季相变化是园林景观中最为直观和动人的景色。植物的季相景观受地方季节变化的制约。如北方一年四季季节变化明显,植物的季相变化也突出,尤其是北方的春天来得迟,春季非常短暂,百花争艳,半个月之后便是浓密的绿荫,更显得春的珍贵;北方的秋天层林尽染,季相特征非常明显。而在我国南方,如广东、广西、福建和海南一带,就难以感受到四季的变化,植物的季相变化也就不是十分明显。园林工作者不仅仅要会欣赏植物的季相变化,更为关键的是要能创造丰富的季相景观群落。现代园林要汲取传统园林的精华,与当代艺术和现代人的需求相统一。

(4)功能原则

在进行园林植物配置时,还应从园林绿地的性质和功能来考虑。如为了体现烈士陵园的纪念性质,就要营造一种庄严肃穆的氛围,在选择园林植物种类时,应选用冠形整齐、寓意万古流芳的青松翠柏;在配置方式上亦应多采用规则式配置中的对植

和行列式栽植。我们知道园林绿地的功能很多,但就某一绿地而言,则有其具体的主要功能。例如,在街道绿化中行道树的主要功能是庇荫减尘、组织交通和美化市容,为满足这一具体功能要求,在选择树种时,应选用冠形优美、枝叶浓密的树种;在配置方式上亦应采用规则式配置中的列植。再如,城市综合性公园,从其多种功能出发,应选择浓荫蔽日、姿态优美的孤植树和花香果佳、色彩艳丽的花灌丛,还要有供集体活动的大草坪,以及为满足安静休息需要的疏林草地和密林等。总之,园林中的树木花草都要最大限度地满足园林绿地的实用功能和防护功能上的要求。

首先,选择植物时要注意满足其主要功能。植物具有改善、防护、美化环境以及经济生产等多方面的功能,但在园林植物配置中应特别突出该植物所应发挥的主要功能。如行道树,当然也要考虑树形美观,但树冠高大整齐、叶密荫浓、生长迅速、根系发达、抗性强、耐土壤板结、抗污染、病虫害少、耐修剪、发枝力强、不生根蘖、寿命又长则是其主要的功能要求。因此,具有这些特性的树种是行道树配置的首选树种。

其次,进行园林植物配置,需要注意掌握其与发挥主要功能直接有关的生物学特性,并切实了解其影响因素与变化幅度。以庭荫树为例,不同树木遮阴效果的好坏与其荫质优劣和荫幅的大小成正比,荫质的优劣又与树冠的疏密、叶片的大小质地和叶片不透明度的强弱成正比。其中,树冠的疏密度和叶片的大小起主要作用。像银杏、悬铃木等树种荫质好,而垂柳等树种荫质差,前二者的遮阴效果为后者的两倍以上。因此在选择庭荫树时,一般不选择垂柳。

再次,植物的卫生防护功能除物种之间有差异外,还与其搭配方式与林带的结构有关。例如,防风林带以半透风结构效果为最好,而滞尘则以紧密结构最为有效。

(5)经济原则

城市园林绿地在满足实用功能、保护城市环境、美化城市面貌的前提下,应做到节约并合理地使用名贵树种,除在重要风景点或主建筑物、主观赏处或迎面处合理地配置少量名贵树种外,应避免滥用名贵树种,这样可以大大降低成本。除此以外,还要做到多用乡土树种。各地的乡土树种适应本地风土的能力最强,而且种苗易得,运输距离短,成活率高,又可突出本地园林的地方特色,因此应多加利用。当然,外地的优良树种在经过引种驯化成功之后,也可与乡土树种配合应用。此外还可结合生产,增加经济收益。因此,园林植物的配置应在不妨碍满足功能以及生态、艺术上的要求时,可考虑选择对土壤要求不高、养护管理简单的果树树种,如枣树、山楂、柿子等;还可选择文冠果、核桃等油料树种;也可选择观赏价值和经济价值均很高的芳香树种,如玫瑰、桂花等;亦可选择具有观赏价值的药用植物,如银杏、合欢、杜仲等;此外,还有既可观赏又可食用的水生植物,如荷花等。选择这些具有经济价值的观赏植物,以充分发挥园林植物树种配置的综合效益,尽力做到社会效益、生态效益和经济效益的协调统一。

1.1.2.4 植物配置方式研究

目前,植物配置的方式主要从孤植、丛植、片植、对植、列植和篱植等方面进行研究,一般的研究方式是从理论出发,指出各种栽植类型适用的环境,以及所能表达的意境。有的学者对各种造景方式在特定空间的运用进行了研究,比如平面栽植形式:分为四周栽植、两边栽植、内侧栽植和全面栽植;立面栽植形式:包括栽植的立面形状及其产生的心理效应、树型的不同组合形态以及一些立面的模式图;区域性栽植形式:包括规则性区域和不规则性区域;数量一定的树种栽植形式:包括一列、两列以及奇数和偶数的栽植方式等。还有的学者对个别栽植方式进行相对较深入的研究,比如绿篱的种植,国内外都有学者对其进行专门的论著,涉及用途、类型、植物种类、适用区域、管理养护等。从理论研究到实际应用,对设计具有较强的指导性和实际的可操作性。但总体而言,对栽植方式的研究缺乏较强的说服力和可操作性,难以突破传统描述性的研究和总结。

随着环境问题的日益严峻和生态思想的深入人心,园林植物配置方式的含义也有所扩大,不再局限于传统的以单纯的观赏为目的的配置形式,还包括为满足某种生态功能而进行的植物配置。如有学者把生态园林根据功能分为 6 种类型,即观赏型、环保型、保健型、科普知识型、生产型和文化环境型。这些具有不同功能和用途的生态园林在植物群落的组成与结构上都有不同的要求和特征。其实,各种生态园林类型往往具备多种功能,只是其侧重面不一样,因此其植物群落的组成与结构也就比较复杂。例如,环保型生态园林的植物群落也往往配置一些兼具观赏性的园林植物,但无论哪一种生态园林,其植物群落在空间结构上倾向于复层结构,增强群落的稳定性和环境效应。

1.1.2.5 植物观赏特性研究

园林植物观赏特性是植物配置中的重要因素,因此,植物观赏特性是植物配置的研究内容之一。植物的观赏特性主要是从体量、形态、色彩、质地等方面进行研究的。

人们对植物观赏特性的研究具有悠久的历史,但长期以来都停留在定性的描述中,绝大多数的工作都侧重于植物的生物学性状研究,诸如植物的分枝方式、叶序、花序等等,在实际应用时对"度"较难把握。近年来,有的学者已经注意到这个问题,并进行了一些量化研究。虽然还不太成熟,但仍不失为很好的尝试。

首先是对尺度的重视。由于在研究中发现,讨论同一问题时各论著之间的差异很大,不同学者关注的范畴有时候几乎毫不相干,主要原因就在于讨论问题的尺度不同。故有人尝试将植物的视觉特性尺度分成三种:10cm×10cm 器官(图案)观赏尺

度;1m×1m 质感尺度;10m×10m 形体与空间尺度。并把质感尺度和形体空间尺度作为景观设计的重要尺度。在此基础上对北京地区部分植物的质感进行了尝试性的研究。

其次是以某一指标为切入点,在实地调查的基础上,进行量化研究。在对相同气候带的江南古典园林拙政园和宁波天童国家森林公园的植物群落进行研究后发现:叶片的质地、全缘与否,以及单、复叶决定了群落的外貌是否整齐、群落色调的深浅以及群落所表达的意境。自有非革质叶的植物更能表现出人文、写意的意境,更适合在一个小空间内营造出江南水乡、小桥流水的感觉;而由革质叶植物所形成的群落则更适合表现富于自然气息的广阔背景[7]。

还有的学者对植物配置中植物高度、观赏视距进行了量化研究。将植物高度分为低于 10cm、10～150cm、高于 150cm 三种类型,分别研究了三类植物在空间中的作用,结果表明,为了对景观留下深刻的印象,同时不使人产生疲劳感,当采用绿篱的种植类型时,种植长度至少应该为 30～50m,但不要超过 400～500m;片植时植物的种植密度总体保持在 40%和 60%时,人们最容易接受。游憩空间郁闭度的构筑,可以利用株距(L)和两植株高度之和($H+H$)的关系进行确定,追求良好遮阴效果时,可以采用($H+H$)/4>L>($H+H$)/16 的关系。

1.1.2.6　植物群落结构研究

城市园林植物群落是城市绿地系统的基本单位,它是由人设计、由人栽植、由人养护、受人干扰的人工栽培群体。研究城市植物群落的生态结构、功能及其优化,对城市园林绿化建设有着重要的理论与实践意义。

鉴于园林植物群落结构研究的重要性,国内外专家学者对比都十分重视。在我国,各地园林工作者根据当地的自然环境条件,做了大量的研究工作。早在 1982 年,北京市园林科学研究所便利用了三四年时间对北京市内园林树木和地被植物进行了研究,其中包括对园林树木生态适应性的调查研究,开创了城市园林植物群落研究的先河。刘仲健(1992)较早在研究人工植物群落中引入了植物群落学的研究方法,利用植物的生长指数和种间关联分析研究深圳品林绿化的植物结构,在定量研究园林植物群落方面迈出了可喜的一步。杨学军等(2000)调查了上海城市园林植物群落的物种丰富度,按区域类型、功能目标类型和不同面积等级进行了统计,分析其格局和变化规律,并根据调查研究结果提出了适于充分利用植物资源的城市园林植物群落面积,供园林实践参考借鉴。傅徽楠等(2000)从探索城市绿化的基本单位——园林植物群落的构型规律出发,分析了上海城市园林植物群落的组成结构及土壤、光照等生态因子对植物群落结构与功能的影响。唐东芹等(2001)对上海地区 138 种城市绿化树种的应用及其生长适应性进行了调查分析和归纳。侯碧清等(2003)运用地植物学原理,在研究株洲市地带性与非地带性植物区系特征的基础上提出,常绿阔叶林是株洲市顶极群落,应通过模拟和设计人工顶极植物群落的方式进行园林植物配置,并提出了科学构建园林城市应遵循的原则。张少杰等(2004)应用植被研究方法,采用样方调查资料来分析合肥环城公园的树种构成、树木的高度及径阶分布、健康状况。并通过计算主要组成树种的生长指数种间关联度来揭示群落构成的特点。

上述工作的开展,对我国城市园林绿化建设和植物配置具有十分重要的指导作用。同时我们也应看到,我国在城市园林植物群落结构方面的定量研究才刚刚起步,许多城市仅限于对植物名称及种类数量的调查研究,研究的重点也往往停留于定性描述植物配置的特色等方面,为数不多的定量研究也多集中于上海、北京等技术力量先进的大城市,对中小城市园林植物配置结构的深入、系统分析尚有待加强。

国外早在 20 世纪 70—80 年代就有对整个城市绿地植物群落结构的研究,并积累了很多成功的经验和方法。20 世纪 90 年代以来,随着森林生态学、景观生态学的发展,其研究方法更是日趋完善。

总体来说,国外城市园林植物群落结构研究在范围上可分为如下 3 类:城市街道绿地、城市公园绿地、城市绿地系统。研究内容主要有:①对整个城市绿地系统的园林植物群落进行编目并进行结构研究。主要是量化各绿地植物群落的物种组成和年龄结构,同时对它们做一些比较分析。②研究园林植物群落结构与生境之间的关系。如研究不同地区园林植物群落在不同程度人为干扰和不同土壤条件下组成和结构的差异,或从植物群落内选用某些植物作环境变化指示剂的研究。③城市公园绿地植物群落结构与生态功能的发挥。主要是计算绿量和覆盖值,研究园林植物群落改善空气质量的作用等。开展以上研究的方法主要有两种:景观生态学方法和群落生态学方法。景观生态学方法多用于大尺度的景观分析,如研究某一区域植被的多样性;群落生态学方法在小面积植物群落和大尺度的景观分析中都常用到,因为它主要是通过实地调查获取重要的基础数据。传统的实地调查一般是采用完全的母本调查。如果研究尺度比较大,则需利用一定的取样方法,常见的取样方法有分层随机取样调查法和网格随机取样调查法,多数时候是二者混合使用。在大型调查研究中用到分层取样时,一般以城市植被分布图为基础,即采用现有整个城市植被分布的遥感图片或者航片。除这种方法外,也常根据城市土地利用方式不同来分层样本大小除了依据现有的文献资料统计数据结合统计学方法进行估算外,也可依据物种多样性指数的大小进行估算。

1.1.2.7 植物景观评价研究

对于景观的含义而言,目前大多数风景园林学者所理解的景观也主要是视觉美学意义上的景观,即风景。20 世纪 60 年代末到 70 年代初期,以美国为中心开展的景

观评价研究也是主要就景观的视觉、美学意义而言的，即风景美学的研究，其中心问题就是风景质量的评价。从客观的意义上讲，景观评价(风景评价)主要是指对景观视觉质量(Visual Quality)的评价(有时也考虑听觉、嗅觉、触觉等方面的测度)，而景观的视觉质量则被认为是景观美(Beauty)的同义词，Daniel 等(1976)将其称为风景美，美国土地管理局则将其等同于风景质量，并定义为：基于视觉的景观的相对价值。从主观上讲景观评价则表现为人们对景观价值(Landscape Value)的认识，Jacques (1980)认为景观的价值表现在"景观所给予个人的美学意义上的主观满足"。风景评价(景观评价)实际上是风景美学的研究中心，也是指导风景资源管理、合理地进行风景区规划的基本依据。经过 20 多年的发展，风景评价的研究出现了许多学派，它们在理论和方法上各具特色。目前较为公认的有四大学派(俞孔坚，1986，1987)：专家学派、心理物理学派、认知学派或称心理学派，以及经验学派或称现象学派。

风景评价研究的心理物理学方法最早出现于 20 世纪 60 年代末期。出于测定方法和处理手段的不同，心理物理学又分成得分值和法、平均法、美景度评价法(即 SBE 法)和比较评价法(即 LCJ 法)4 种。其中，SBE 法和 LCJ 法在植物景观评价中应用最多，并被公认为最有效的方法。它们的优点在于把景观审美态度的主观测试与景观构景客体元素的客观测定相结合，实现了用数学模型来评价和预测景观的审美品质，为建立一个大范围的审美评价量化标准奠定了基础。

在我国，有关植物景观评价，特别是森林景观评价的研究方兴未艾。早在 20 世纪 60 年代，在陆兆苏教授的主持下，开始对紫金山林区进行风景小班的区划和风景林美学评价。根据长期的风景林经营实践，陆兆苏等(1985，1990，1994)根据风景林的外貌特征或森林公园某一地段与周围森林景观的联系，把紫金山风景林划分为水平郁闭型、垂直郁闭型、稀疏型、空旷型、园林型等 5 种森林风景类型，每大类确定 6 个美学因子，每个因子都分成好、中、差三级，并分别赋值 2、1、0 分，然后分类型累计得分。同时还提出了树种组成、水平郁闭度、垂直郁闭度等 17 个风景林评价因子。赵德海(1990)在紫金山风景林评价时，组织两种不同类型的评价者，一类为没有受过风景林调查专业训练的大学生和进修生，来代表普通群众；另一类是由专业技术人员组成的专家评价小组，对风景林进行调查和评分，在 17 个评价因子中筛选出了树种组成、水平郁闭度等 7 个主要风景林评价因子。李春阳等(1991)采用定性描述和定量评价相结合的方法，将东北帽儿山森林景观划分为地貌、植被、色彩、镶嵌度、奇特性、水体、飞禽走兽及邻近风景等八大要素，再加上综合值美景度共 9 个因子，采用现场评分，对森林景观进行评价，并建立美景度与各要素之间的多元线性回归模型。但新球(1995)提出了由五大类 17 个因子组成的森林景观资源美学价值评价指标体系。五大类分别为新奇性、多样化程度、天然性与神秘性、科学价值与历史价值、和谐协调性。陈鑫峰等（2000，2003）把心理物理学方法用到森林景观质量评价中，将森林植物景观区分为细部景观、个体景观、林内景观、林道景观、近景观、中景观、远景观 7 个层次。采用幻灯片评价方式，分别从春景、夏景、秋景、林内景四类景观进行近景景观评价，建立了森林景观要素与美景度之间的经验模型，较为直观地说明了各类森林景观美景度的主要决定因子。

总之，与国外相比，国内的植物景观评价起步较晚且开展较少，主要开始于 20 世纪 90 年代。这些方法多以森林景观为主要评价对象，大多采用定性描述等方法，在现场进行评价，而且对美景度的得分值大多没有经过标准化处理，使不同研究结果之间可比性大大降低。此外，心理物理学方法在城市园林植物景观中的运用较为欠缺。

1.2 研究目的

本书论述了滨水空间的植物配置方式，对滨水植物种类进行分类总结，以期为滨水空间绿化设计提供借鉴和依据。具体研究目的如下：

1.2.1 明确滨水空间植物的配置原则

对滨水空间植物配置的原则进行分析，指出植物配置应满足的功能和意义，配置原则是分析种植方式和总结配置模块的理论基础。

1.2.2 给出滨水空间植物的种植方式

分析景观绿化之中最基本的构图元素"点、线、面"，分别划分点状、线性、面状空间三种类别，各自分析相适宜的种植方式。其中，线性空间可分为直线型空间和曲线型空间种植方式，面状空间可分为规则面状空间和自然面状空间两种种植方式。针对不同空间形态提出相应的植物种植方式，可为具体的滨水植物设计提供借鉴。

1.2.3 总结滨水空间植物配置模块

滨水空间的植物种植结构可划分为"灌""草""乔木＋地被""灌木＋地被""乔灌木＋地被"等一、二、三至多层结构形式，针对不同种植结构总结相应的种植模块。其中，单层植物配置模块包含灌木单层结构、草本单层结构的配置模块；二层植物配置模块包含乔木＋地被二层和灌木＋地被二层配置模块；三层及以上植物配置模块包含乔灌木＋地被三层和多层结构配置模块。并给出配置模块相应的效果图，不同配置模块的应用场景及植物组成、造价等信息，为不同类型滨水空间植物景观营造提供配置依据。

1.2.4 制定滨水绿化植物名录及其设计标准

给出滨水空间常用植物种类清单,划分岸乔木、灌木、地被、藤本植物、水生植物、消落带植物等类型,说明相应类别的设计标准,制定常用滨水绿化植物名录表,可为滨水空间绿化提供植物材料选用依据。

基于本技术总结的研究目的与内容,确定本研究的技术路线(图 1-12)主要由三部分组成。

①第一部分明确了项目的背景、目的与意义及研究对象等,并研究文献资料,对与本项目相关的国内外现有研究成果进行总结和评述。

②第二部分提出滨水绿化配置技术的设计说明和配置原则,通过滨水绿化种植方式研究、配置模块分析和滨水绿化植物名录总结,形成完整的滨水绿化配置技术体系。

③第三部分介绍本项目推广应用价值与本项目的先进性与创新性。

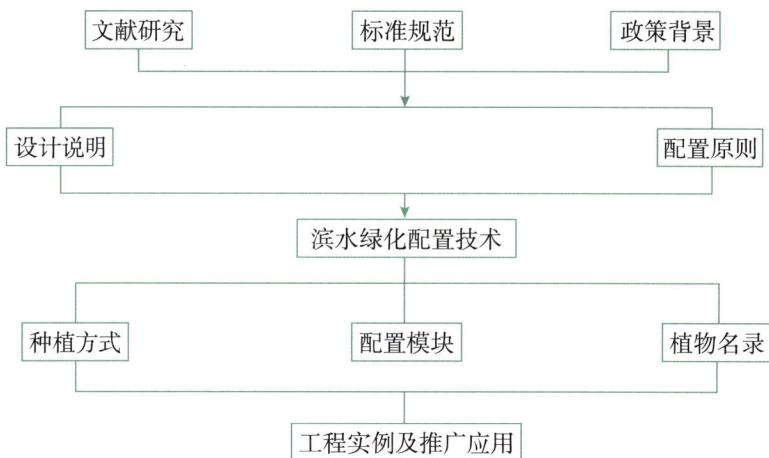

图 1-12 技术路线图

1.3 研究意义

滨水绿地是城市开发中的重要资源,在提高城市环境质量、丰富地域风貌等方面具有极为重要的价值。由于处于水陆的边际,滨水区域的景观信息量最为丰富,往往是一个城市景色最优美的地区,是形成城市景观特色最重要的地段。同时,滨水绿地以其优越的亲水性和舒适性满足着现代人的生活、娱乐、休闲等需要,这是城市其他环境所无法比拟的特性。

目前,各地的滨水绿地受到了空前的重视,但在滨水绿地建设过程中也暴露了一些问题。首先,仅考虑防洪、水运等功能的硬质人工驳岸,牺牲了自然滨水岸线的生态功能,对于城市滨河景观生态系统造成较大的破坏,无法满足市民亲水、近水的要求;其次,国内大部分滨水绿化建设技术仍局限在开发规划等大尺度方面,缺乏对中小尺度的研究,无论是滨水植物的相关概念与分类、滨水植物的选择与配置模式的理论研究都尚处于初步阶段,少有综合性的研究。因此,滨水空间绿化配置技术的研究对于保护滨水生态环境、科学治理水质污染、体现所在地文化等方面具有重要的意义。

本研究聚焦到中小尺度的景观设计层面,通过对滨水绿化配置技术进行系统的总结,包括配置原则、种植方式研究、配置模块分析、常用植物以及设计标准总结等方面,可以为相关专业设计人员提供更有针对性的参考,以期为今后滨水绿化的规划设计、建设等起到一定的参考与借鉴作用。

1.4 研究方法

对于植物造景案例主要采用每木调查法;对于较大范围或大面积林植的案例采用样方调查法。

1.4.1 每木调查法

每木调查法,即按照一定的顺序对调查范围内每一株植物进行记录。调查结果记录于表 1-1、表 1-2、表 1-3 中。

1.4.1.1 生活型划分

乔木:具有明显主干,又分针叶乔木、阔叶乔木,并进一步分为常绿的和落叶的;

灌木:无明显主干,也可按上述原则进一步划分;

草本:无木质茎,包括多年生草本植物、一年生草本植物、寄生草本植物、腐生草本植物、水生草本植物,在本研究中不作细分;

藤本:包括各种缠绕性、吸附性、攀缘性、勾搭性等茎枝细长难以自行直立的植物。

1.4.1.2 测定因子

植物的测定因子,因所属生活型的不同而异。乔木、灌木:种类、数量、胸径(或基径)、高度、冠幅;草本、藤本:种类、盖度(丛数)。其他需记录的内容有:植物生活型、类型、形态等。将以上测定或观察数据填入表 1-1 内。

表 1-1　　　　　　　　　　　　植物造景调查表

编号	种类	数量	生活型	类型¹	形态²	D^3/cm	偏角	仰角	距离/m	冠幅/m	备注

注:1.类型包括:常绿和落叶。

2.形态包括:单干型,多干型,丛生型,葡匐型,特殊型。

3.D 包括:胸径(乔木主干离底表面 1.3m 处的直径);地径(苗木主干离底表面 0.3m 处的直径);地被的盖度。

1.4.2　样方调查法

1.4.2.1　样方法的原理

样方法(Quadrat Method)是生态学上的调查方法。即用一定面积来作为整个群落的代表,详细计算这个面积中的植物种类、频度和多度等指标的植物群落调查方法。这种方法可以确定该群落的建群种和各层的优势种;也可以测定群落的季相变化。样方法多用于地形、土壤、植被种类和个体分布比较均匀的地方。

对于较大范围的案例或大面积的林植景观,限于条件限制,不可能也没必要把每一处植物都仔细统计,故可采用样方法。在开始测量前,首先要观察群落外貌,找出植物种类和个体数分布均匀的地方,即选择有代表性的地方。对于植物组成较为均一的群落(如风景林地、密林区等)则可采用随机抽样法。

样方面积的大小,要根据群落的性质和调查的目的而定。在本研究中,设置的样方面积为:10m×10m。各群落根据大小不同设置样方 3~5 个。

1.4.2.2　样方调查的工具和内容

样方调查所用的工具包括样绳、指南针、皮尺、刻度尺、测径卷尺、记录表、铅笔、橡皮等。此外,对于不能识别的植物,还需用标本夹采集标本或拍照,以便带回请教相关专家。

在确定调查地点后,先根据表 1-2 对样地的概貌进行记录,并用样绳拉好样地,然后主要依据植株生活型不同,划分出群落的分层结构,以层为单位进行调查。本研究中,将公园园林植物群落分为乔木层、灌木层和地被层分别进行统计调查。群落层次划分参考每木测量法,因子测定主要为各层的种类、数量、胸径(或基径、盖度)、极限高度、平均高度等,将以上测定或观察数据填入表 1-3 内。

表 1-2　　　　　　　　　　　　　**样地概貌记录表**

调查时间：＿＿ 年＿＿月＿＿日　　　　调查地点：＿＿＿＿＿＿　　　调查人员：＿＿＿＿＿＿＿

样地号		样地面积		m²	群落类型	
地形特点		总郁闭度			周围生境状况	
乔木层高度		盖度			种类	
灌木层高度		盖度			种类	
地被层高度		盖度			种类	

表 1-3　　　　　　　　　　　　　**样地野外调查表**

调查时间：＿＿ 年＿＿月＿＿日　　　　调查地点：＿＿＿＿＿＿　　　调查人员：＿＿＿＿＿＿＿

编号	种类	数量	D^1	高度^2	备注

注：1. D 包括：胸径（乔木主干离底表面 1.3m 处的直径）；地径（苗木主干离底表面 0.3m 处的直径）；地被的盖度。

2. 高度为该种在样地内的最低高度、最高高度、平均高度。

由于成功的植物景观并不孤立存在，它与周围环境必然发生对话，或对比或协调，因此在调查中还应参考样方法，对其周围的植被情况进行调查，对其概貌进行记录，以备分析。

1.4.2.3　植物的数量特征及其测定方法

在植物造景的研究中，欲对其进行量化分析，可以借鉴生态学上对植物群落结构的研究方法，通过分析植物的数量特征和分布规律，了解其外貌与结构的关系。经研究表明，群落结构各因子间存在着相关性，其信息量的 82.5％集中在 4 个主因子上，即冠盖因子、乔木层高、灌木层性状及乔木层密度因子。因此，有必要在调查中对各物种的相关特征进行描述和统计。

（1）高度

高度为测量植物体体长的一个指标。植物高度又分为自然高度和绝对高度。其中，自然高度，测量时不对植物体进行任何改变时所测得的高度值；绝对高度，测量时人为将植物向上拉直后所测得的高度值。树高可使用测高器或米尺实测；高度单位为米，保留 1 位小数。每一案例的附表中所列为同种植物的平均高度。

本研究使用 DQL-IB 型森林罗盘仪测量乔木层自然高度，灌木层和地被层的自然高度用米尺直接测量。

（2）冠幅

冠幅分"东西"和"南北"两个方向量测,以树冠垂直投影确定冠幅宽度,计算平均数,单位 m,保留 1 位小数。每一案例的附表中所列为同种植物的平均冠幅。

（3）胸径（或地径）

乔木胸径可用卷尺量树高 1.3m 处的干周长除以 3.14 得到;或用测径钢卷尺直接测量,单位 cm,保留 1 位小数。灌木、藤本测地径,单位 cm,保留 1 位小数。每一案例的附表中所列为同种植物的平均胸径。

（4）多度

多度是表示一个数量上的比率。植物群落中植物种间的个体数量对比关系,可以通过各个种的多度来确定。多度的统计法,通常有两种:一是个体的直接计算法,即"记名计算法";另一是目测估算法。记名计算法是在一定面积的样地中,直接点数某种植物的个体数目,然后算出它与同一生活型的全部植物个体数目的比例。本研究对于乔木、灌木的种类研究采用记名计算法。

（5）盖度

盖度指的是植物地上部分垂直投影面积占样地面积的百分比,即投影盖度。它是一个重要的植物群落学指标。投影盖度是群落结构的一个重要指标,因为它不仅标志了植物所占有的水平空间面积和在一定程度上反映植物同化面积的大小;还因为它也在一个重要的方面表现了植物之间的相互关系。特别是处于主要层的植物种类,其盖度大小决定了群落内植物环境的形成和特点,并影响次要层植物的种类、个体数量和生长情况。盖度可分为种盖度、层盖度和总盖度。其中,种盖度,即不考虑其他种类时,某一种植物地上部分垂直投影面积占样地面积的百分比;层盖度,某一明确可分的垂直层次的投影盖度,如乔木层的盖度或草本层的盖度;总盖度,即群落中全部植物的盖度。一般各种分别的盖度之和大于总盖度,因为植物的空间利用往往是多层的。

植物基部着生的面积叫作基部盖度。对于树木,主要测定胸径,以圆面积公式计算出树干横断面的面积(胸高断面积)。某一树种的胸高断面积与样地内全部树木总断面积之比,即为该树种的基部盖度(以百分数表示),又称为相对显著度。有人用它作为估定每种树木在群落中占优势程度的指标之一。

（6）重要值

重要值是生态学上用来表示某个物种在群落中的地位和作用的综合数量指标,能体现树种对环境的适应能力。传统的群落生态学研究方法是用物种多度、盖度和频度三者的平均值进行计算(Miller,1984)。不过其针对的对象主要是自然状态下的植被。由于城市植被环境的特殊性,使得树种生存的条件是能否忍受恶劣的土壤环境及人为干扰,种间竞争已经相对处于次要地位。因此,其重要值的计算可以不考虑由频度代表的面积因素。其计算公式如下:

1)RA 相对多度(Relative Abundance)

$$RA=N_i/T\times100$$

式中,N_i 是指属于第 i 物种的个体总数;T 是指所有物种的个体总数。

2)RD 相对显著度(Relative Dominance)

$$RD=B_i/T\times100$$

式中,B_i 是指属于第 i 物种的基部盖度的总和;T 是指所有物种基部盖度的总和。

3)SI 物种重要值(Species Importance)

$$SI=RA+RD$$

1.4.3 制图法

1.4.3.1 平面图

对范围内植物的平面定位主要是利用 DQL-IB 型森林罗盘仪和米尺,测量数据经过换算处理后,利用 AutoCAD 自带的极坐标系统绘制每一案例的平面图,并按照实际情况进行标注。

1.4.3.2 立面图

视分析需要,根据实测数据,按照一定的比例,绘制植物景观主赏面的立面效果。

1.4.4 分类比较法

比较法是基本的研究方法之一,通过比较分析不同对象的相似性与相异性,能清晰地看到事物本质,或从差异性中寻找途径,解决实际问题。比较的前提是对象间具有可比性,这就对研究尺度、分类依据等提出要求。

1.4.4.1 研究尺度

现代景观设计理论中,对于景观的尺度十分重视。美国《景观设计师便携手册》中明确提出了景观的六重尺度概念,它们以 10 的幂指数为参考值依次递增,从 $1m\times1m(10^0)$ 到 $100km\times100km(10^4)$ 规模的景观不等。针对不同的尺度,作者提出了一整套用以解析、概念化、评估和交流的设计框架,以强调设计必须考虑源自不可见过程的格局对于人类感官尺度的影响(尼古拉斯等,2002)。在国内的很多研究中,同类成果间缺乏可比性,有很大一个原因是研究的尺度不同。故在本研究中,借鉴景观六

重尺度中的第二、三重,即以 10m×10m(10^2)～100m×100m(10^4)的尺度作为研究的基本尺度。这个范围基本包含了人对环境体验的主要尺度和人体可以察觉的尺度空间的外部最低限,故基于这样的尺度关系对被研究的案例进行分类。

1.4.4.2 分类依据

园林被誉为"立体的诗、流动的画",相对于文学、书画等其他艺术形式而言,其三维的立体空间形式更易被感知。园林中的植物造景也由于具有空间的基本属性,而在形式上表现为直观的空间形象。点、线、面是几何空间中的基本形式,在植物造景的实践中据此进行分类进而探讨的不乏先例(张雁鸽,1999;马锦义等,2000;陈信旺,2003)。对于现代园林植物造景的意境研究,也有分别从"点"空间、"线性"空间入手进行探索(江岚,2004;沈员萍,2004)。在确定研究尺度的基础上,结合空间的基本形态与植物景观特点,尝试从空间角度将被调查的实例分为以下三类:

(1)点状独立式植物造景

点在几何空间中的表现形式一般为圆形,但在一定条件下,正方形、三角形、多边形以及其他不定形体都可视作点。它与周围参照物相比,是相对较小的部分,带有明显区别于其他部分的特征和独立存在的倾向。点在空间中具有实体性。在空间中设置一个点就会建立起与点相关的结构关系;点造成视觉集中,周围的元素都存在着被吸引的趋势;同时,点具有向外扩张的倾向,表现为对周围空间的辐射力。点的向心和辐射的特性使我们感受到点的周围存在着"引力场",占据了一定的空间。

基于点的空间特性和尺度限制,把植物造景中具有相对独立特性、可作为局部空间主景、面积在 $500m^2$ 以下的实例作为一类,即点状独立式植物造景。对于此类案例面积的界定一般以植物的投影范围为准,面积计算则采用实测特征数据与几何面积分割填补法,单位 m^2,取整数。

(2)线状序列式植物造景

从线的定义看,它是点移动的轨迹,是点与点之间的联结。在几何学里,线无粗细,但在空间中,线具有粗、细、宽、窄和长度,长度是线的主要特征。线状空间是指由线(直线或曲线)界定的空间,即具有线状性质的空间。它具有视觉上的连续性和序列性。在本研究中把具有明显线状性质,长度为其宽度 3 倍以上的植物造景实例归为一类。对于此类案例面积的界定一般以明显的界线为准(如建筑、道路、水系等),面积测算采用长度 x 平均宽度的计算方法,单位 m,取整数。

(3)面状组合式植物造景

在平面上,线的移动、线的集合可以成为面;在空间中,面常作为界面的形式出现,共同构成整体,如空间的界定可以由底平面、垂直面、顶平面相互组合或共同完成。面可以分解为点和线,但面作为一个组合体出现时,更强调要素间的互相配合,强调系统性,是整体大于部分之和的效果。故在本研究中,把整体性较强、具有明显组合变化、相对面积较大的植物造景实例作为同类进行研究。对于此类案例界定一般以道路的围合或其他明显的界线为准(如水系范围等),可以根据测绘结果准确绘制的案例,它的面积采用 AutoCAD 自带的面积计算法,单位 m²,取整数。

同时,考虑到杭州西湖风景名胜区以湖山之美取胜,各公园景点主要位于环湖景区,以西湖为中心向心环抱,水作为重要的组景和构景要素出现,它犹如绘画中的留白,使园林空间虚实相生、刚柔并济。故又根据周围环境条件的差异,以是否滨水为条件分为两类:

1)滨水

滨水区泛指水域与陆地相连接的一定区域(孙鹏等,2000)。在本研究中,凡有水体作为调查的范围界线的,即归于此类。一般表现为植物景观的单面或多面直接临水。

2)陆地(非滨水)

陆地(非滨水)指边界由除水体外其他要素(如道路、建筑等)进行围合的案例,在本研究中归为一类进行分析。

鉴于以上的分类标准,经组合后,将本研究中植物造景的案例共分为 6 类,分别是滨水的点状空间种植方式、线性空间种植方式和面状空间种植方式,以及陆地的点状空间种植方式、线性空间种植方式和面状空间种植方式[8]。

1.5　本章小结

本章首先阐述了长江中下游、滨水和滨水区、滨水植物、植物景观配置等相关概念,明确本书重点围绕长江中下游滨水植物配置这个课题展开。并对植物配置发展历程进行了分析,包括古今中外各个时期具有代表性的植物配置特色和发展历程,帮助读者对植物配置的发展和趋势有个基本了解,后重点引入滨水植物配置的研究现状和发展历程,论述其配置原则、配置方式、观赏特性和景观评价研究。最后说明了本书研究的目的、意义和研究方法,明确本书论述的研究方向。

第2章 常用滨水植物选择及设计标准

2.1 滨水植物选择依据

2.1.1 依据植物的观赏特性

植物的观赏特性是植物配置中的重要因素。随着一年四季的变化,植物也在上演着各自不同的美景,在进行配置植物选择素材时,首先要对植物的观赏特性进行分析,植物是由根、枝、花、叶、果构成,这些元素有着各式各样的形态美和色彩美。植物的根长在土壤里,其观赏价值不大,不过有些植物的根部发达,根部隆起突出地面,甚是奇妙。例如,榕树的根,生长快,根部很发达,树上的气生根向下生长入土后不断增粗,长成粗大树干,葱葱郁郁,可算得上是奇特的景观。

植物的枝干也是千姿百态,有的笔直,有的弯曲;有的纹理粗糙,有的细腻;有的颜色呈棕褐色,有的颜色则偏绿色或白色。树干的观赏价值与其姿态、质感、色彩和经济价值有密切的关系,悬铃木、椴树、银杏、香樟、杨树、柳树、槐树等树干笔直,整齐壮观,可以做行道树。杏树黑褐色的树干,干皮粗糙,树枝古朴优雅。挺着大肚子的佛肚竹、笔直细腻光滑的大王椰子树、树干的纹理似鳄鱼背的华盛顿葵等,这些树干有趣至极。

树枝的粗细、长短、数量以及分支角度的不同,影响到树冠的形状。常见的树形有塔形、圆锥形、圆球形、纺锤形、卵圆形、广卵形,垂枝形等。垂柳树干弯曲,树枝下垂,婀娜多姿,飘逸潇洒。一些落叶乔木,冬季只剩下清晰的枝条,在蓝天的衬托下,就像一幅精致的画。

花朵是植物重要的观赏特性。花的种类很多,其外貌、色彩、花香都能给人留下美好的感受。早春的玉兰硕大洁白,神采奕奕,实在清新可人。荷花花叶清秀,花香四溢,圣洁无瑕,古人用"恰似汉殿三千女,半是浓妆半淡妆"的诗句来形容荷花的美。梅花具有天生的丽质芳姿和凌霜傲雪的品质,艳丽多彩,气味芬芳袭人,贵为冬天的仙女。长春花、杜鹃花、合欢花、茉莉花、马缨丹等都是常见的美丽的观花植物。植物的花以其形、香、色的多样性,共同构成不同的植物景观,同种花植成花群,得到壮丽的花海景观,不同花期的观花品种配置成花丛,一年四季都可以看到不同的景观。

叶子的观赏价值最引人注意的是形状与色彩。树叶的基本类型有落叶型、针叶常绿型、阔叶常绿型,每一种类型各有其特征。树叶的形状各式各样,有些叶子造型奇特,具有很高的观赏价值,如苏铁、芭蕉、龟背竹、银杏、王莲、荷叶、棕榈、蒲葵、红背桂、姑婆芋等。树叶的颜色以绿色为主,只是深浅不同而已。个别植物如枫叶,到了秋天正如诗句描写的"霜叶红于二月花"的写照。紫叶李、紫叶小檗、朱焦、鸡爪槭等的叶子侧重于紫红色,另外还有一些如金边吊兰、金边瑞香、五彩苏、花叶良姜、海南洒金榕等另有一番滋味。

果实的大小、颜色、味道对人们有很大的诱惑,秋季硕果累累,浓香重重,为园林增添另一道独特的风景线。金橘、香橼、佛手、南天竹以及有着硕大果实的木菠萝都是很好的赏果植物。

2.1.2 依据驳岸形式

岸边植物的配植与水体驳岸的结合十分重要。它不仅使岸线与水体融为一体,同时,对水面空间的景观起着主导作用。驳岸有石岸、土岸、生态驳岸等,自然式或规则式。自然式的土岸常在岸边打入树桩加固。我国园林中采用石驳岸及混凝土驳岸居多。

2.1.2.1 石岸

现代景观中的水体驳岸,以石岸和混凝土岸居多。它能使水体沿岸的坡度整齐而不易崩溃,而且游人活动亦方便;但规则式石岸的线条却显得十分生硬和枯燥。因此,岸边要配置一些合适的植物种类,借其柔软多变的植物枝条掩挡来弥补枯燥之处。如香港九龙公园的石岸,沿岸种植花叶假连翘将石岸盖住,具有良好的景观效果。

自然式的石岸线条丰富,色彩艳丽和线条优美的植物点缀在岸边可增添景色与趣味。自然式的石岸配置岸边植物时要有露有掩。苏州拙政园规则式的石岸边种植垂柳和南迎春,细而柔和的柳枝下垂至水面,圆拱形的南迎春枝条沿着笔直的石岸壁下垂至水面,遮挡了石岸的丑陋。一些大水面规则式石岸很难被全部遮挡,只能用些花灌木和藤本植物,诸如夹竹桃、南迎春(*Jasmium mesnyi*)、地锦(*Parthenocissus tricuspidam*)、辟荔等来局部遮挡,稍加改善,增加些活泼气氛。石岸又可根据驳岸的断面形式划分为直立式驳岸、倾斜式驳岸、退台式驳岸(图2-1)。

(1)直立式驳岸

水陆之间以垂直断面的形式相接,亲水性较差。可以考虑运用驳岸垂直断面的缝隙中种植水生植物、岩生植物。

（2）倾斜式驳岸

水陆之间以斜面的形式相接。在自然景观中,水体与陆地通常相当贴近,亲水性很好。然而在人工设计的景观中,倾斜式驳岸的水陆高差通常较大,因而亲水性较差,所以在处理这一类驳岸植物景观时,要充分利用这一段高差,种植多样的水生植物,形成水域与人工景观的天然过渡。

（3）退台式驳岸

根据不同的水位设置不同高度的层面,层面之间以斜坡、台阶或垂直面相连接。人们可以根据需要选择不同的活动层面,亲水性较好。这种类型的驳岸植物景观可以考虑利用藤本类植物,藤蔓可以掩饰和弱化石砌驳岸给人的生硬感。

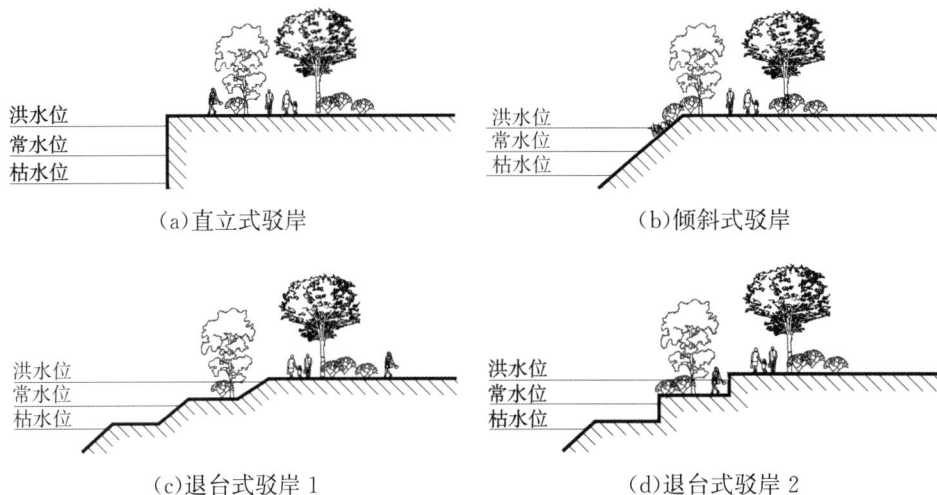

图 2-1　驳岸样式

2. 1. 2. 2　土岸

土岸自然蜿蜒,线条优美。因而,配置岸边植物应以自然式种植为宜,应结合沿岸地形和道路,采取有远有近、有疏有密、有断有续、弯弯曲曲,使沿岸自然有趣。华南植物园有些湖岸则以土岸为主,岸上种有大片的绿色草坪,岸边配置棕榈科植物和热带乔木,间植水芋(*Philodendron selloum*)、蔷薇等花木,以防止水土流失(引自《水生植物造景艺术》);又如深圳洪湖公园在土岸边种植成片的落羽杉作背景,衬托湖面的荷花和谐自然,景观效果亦佳。

土岸常少许高出最高水面,站在岸边伸手可及水面,便于游人亲水、戏水。为引导游人临水观倒影,则在岸边植以大量花灌木、树丛及姿态优美的孤立树,尤其是变色叶树种,一年四季具有色彩。英国园林中自然式土岸边的植物配置,多半以草坪为底色,为引导游人到水边赏花,水体周围常种植大批宿根、球根花卉,如落新妇、围裙水仙、雪钟花、报春属以及蓼科、天南星科、鸢尾属、毛茛属植物(引自《植物造景》);我国上海龙柏饭店内的花园设计属英国风格,起伏的草坪延伸到自然式的土岸水边,岸边自然式配置了鲜红的杜鹃和红枫,衬出嫩绿的垂柳,以雪松为背景,水中倒影清晰;杭州植物园山水园的土岸边,一组树丛配置具有 4 个层次,高低错落,延伸到水面上的合欢枝条,以及水中倒影颇具自然之趣,早春有红色的山茶(*Camellia japonica*)、红枫,黄色的南迎春、黄菖蒲,白色的毛白杜鹃(*Rhododendron simii*)及芳香的含笑(*Michelia figo*);夏有合欢;秋有桂花、枫香、鸡爪槭;冬有马尾松(*Pinus massoniana*)、杜英(*Elaeocarpus sylvestris*),四季常青,色香俱备。

2.1.2.3 生态驳岸

在此所提及的生态驳岸(图 2-2)主要是针对濒江、临河及临湖等濒水岸地类型。生态驳岸是恢复滨水岸地空间生态功能的重要手段。因此,城市滨水岸地空间的景观设计宜采用自然化的设计来模仿自然滨水植物的生态群落结构。除了要注重植物的观赏性,还可以结合滨水岸地地形进行竖向设计模拟水系,形成自然过程中所形成的典型地貌,如河口及湿地等。在条件允许的滨水岸地,可采用绿化护岸、碎石护岸等生态护岸措施。这种"可渗透性"的人工护岸可以充分保证河岸与河流之间的水分交换和调节功能,同时还具有抗洪的基础功能(引自《当记忆被开启——转河设计画册》)。还可在滨水岸地的生态敏感区引入天然生态植被,建立滨水生态保护区或滨水绿色生态廊道等,以此恢复城市滨水岸地空间天然的生态品质。

图 2-2 生态驳岸

2.1.3 依据水体的形式

园林中水体多种多样,依据不同形式有几种不同的划分:静水和动水、天然和人工、立体和平面、规则式和自然式等。本书选用其中的一种:规则式和自然式,前者包括水池、溪流、瀑布等,后者包括整形式水池、整形式瀑布、喷水池等。

2.1.3.1 规则式水体

规则式水池(图2-3)的边缘线条简洁、轮廓分明,外形多属于几何形,常见于西方古典园林中。大型整形水池主要在于取得倒影,经常保持一平如镜,池内很少种植植物,以免遮掩了水中倒影。规则式水池四周宜于铺设草坪或配置花坛,以形成开敞视野(引自《城市公园植物造景》)。小型水池则其中常种植水生植物,甚至可以在水面全部栽满植被或者均匀整齐地摆放盆景,最好使用同一类植物(引自《水景园》)。

图2-3 规则式水体

2.1.3.2 自然式水体

自然式水体指在自然式园林中保留的自然水体或人工仿造的、"宛如天开"的水体。自然式水体岸线自然曲折,使环境空间产生一种轻松柔和的感觉。若结合起伏的地形和自然式种植的树丛,自然式水景可形成一派宁静的田园风光。自然式的水体可分为大水面和小水面两种形式。

(1)大水面水体

大的水面的植物配置一般宜采用大手法,即用高大的树种、成片成带的栽植方式(图2-4)。水体沿岸的植物在形态和色彩上的四季变化,是构成优美水景的重要因素。春花、夏叶、秋实、冬枝,是植物四季展现给我们的观赏特征。通过合理的植物配置,可使滨水景观达到四季有景:如春季嫩绿色枝叶的落羽松、红棕色嫩叶的香椿;夏季满树粉红色花丝的合欢、黄花如伞覆盖的栾树;秋季具有秋色叶的池杉、水杉、落羽杉、枫香、三角枫、梧桐、乌桕等;冬季可欣赏到苍劲枝干的苦楝、柞木(*Quercus mongolicus*)、悬铃木、梧桐、构树等,都是用来丰富水景季相色彩的好材料。

图 2-4　大水面水体

(2)小水面水体

此类水体多见于自然式水池或小溪流(图 2-5)。宜采用细腻的手法,用一种植物形成个性强烈、独具风格的水景。自然式的水池旁配置竹类、棕榈科等单子叶植物,可以给人带来十分简洁、静雅、亲切的感觉,如杭州西泠印社的泉池,旁边种植一丛慈竹,杂以片片棕榈,形成了比较典型的小景。园林中人工造的小溪流不仅要在形状上采用自然式,而且在植物配置及树种选择上应以"自然"和"乡土树种"为主,以显示出野逸的自然之趣。

可在溪流边种植稍有倾斜的草坪,以显开阔,也可夹岸桃柳成蹊造成幽邃的意境,更可以点缀几块顽石将水与岸衔接起来,石缝中夹植若干耐湿植物,如黄菖蒲(*Iris pseudocerus*)、玉蝉花(*Iris kaempferi*)、灯芯草(*Juncus effusus*)等,十分有趣。有时小小的溪流无需作太多种类的植物配置,只突出某一种树就可形成个性强烈、独具风格的水景,如杭州花港观鱼的"柳港",曲院风荷的芙蓉溪,就是一种事半功倍的水旁植物造景手法。

图 2-5　小水面水体

2.1.4　依据地域性

不同区域具有不同的环境背景,地域的差异和特殊性要求在滨水植物设计中要因地制宜,具体问题具体分析,在对滨水树种进行选择时,除了要了解场地的周围环境、生态条件等事项,还需要对当地特点、历史象征、四季景色等调查清楚,以便种植的植物形态和群落结构适合当地的风格,更好地展现水体的地域性特征。乡土树种能同当地景观相协调,并突出当地特色。因此,坚持运用乡土树种是保证地域性原则的根本。引入的树种也要与乡土树群相协调,这样即使由于某种原因不能采用乡土树种,采用同乡土树种十分协调的外来植物也能体现其特色,而不会显得格格不入了。

西湖景区大面积栽植的红莲和各色芙蓉,呈现出"接天莲叶无穷碧,映日荷花别样红"的景观,被广为传颂。华南植物园池岸上片植的大王椰子林,表现出一派"南国风光刀"(引自《植物景观设计》);深圳洪湖土岸上片植的落羽杉林、广州流花湖的蒲葵堤以及西北地区的胡杨,均体现了地方风格景观。

我国幅员辽阔,南北方植物景观有明显的地域性特征。南北城市滨水区绿化时要注意选用不同的植物景观,不可盲目跟随和引进。北方用在水边栽植的有垂柳、旱柳、红枫、迎春、连翘(*Forsythia suspensa*)、悬铃木、榔榆、苦楝、桑、梨、白蜡属、棣棠以及一些枝干变化多端的松柏类树木。南方水边植物的种类相对丰富,如水松、池杉、落羽松、蒲桃、榕树类、水石梓、紫花羊蹄甲、木麻黄、大叶柳、串钱柳、乌桕及椰子、蒲葵等棕榈科树种,都是很好的造景材料。

2.1.5 依据引鸟和引蝶的特性

城市湿地、江河、湖泊等水体生态区是鸟类、鱼类、两栖动物、蝶类等野生生物的重要栖息地。植物是野生生物栖息地的一个重要组成部分,为其提供食物、遮蔽物、空间和水分4种基本生活要素,故可以结合植物材料创造城市水体生态区野生生物栖息地。选择一个秋冬结果实的、高大的树种吸引周围的鸟类。在水边的草地周围种植蜜源植物可把蝴蝶吸引过来。

2.1.5.1 鸟类与植物

部分鸟类也和鱼类一样,把水体生态区的植物作为繁殖地、栖息地和食物来源的结构特征,一定规模的湿地环境成为常住或迁徙途中鸟类的栖息地。鹧、黑鸭、苇莺等不仅将其作为栖息地,还利用芦苇或茭白等的枯草或棉絮作巢,还是不可替代的繁殖地。小白鹭、大白鹭、野鸭等虽然不将其作为繁殖地,但多数鸟类将水体生态区作为觅食、栖息的场所。喜欢在水体周围活动的鸟类有:普通翠鸟、灰头鸦、白眉(姬)鹟、白鹡鸰、褐柳莺、红尾水鸲。其中,普通翠鸟喜欢在水池、河流或池塘附近的树枝或岩石上,伺机捕获水中的鱼虾,灰头鸥、白眉(姬)鹟和褐柳莺则常见于水体边缘的浓密灌丛中觅食,红尾水鸭多在水体边缘的岩石上跳跃,寻找食物,白鹡鸰则喜欢在河溪附近的草地上活动和取食。

无论是留鸟还是迁徙季节的鸟类,植物都可为其提供不同的栖息环境和食物。不同的鸟类对栖息地环境有不同的要求。研究表明,栖息地树种多样性是影响鸟类对栖息地选择的重要因素之一,栖息地树种多样性高,鸟类多样性也高。秋冬季节产果实的树种,作为鸟类水分和能量的补充,对于秋冬季节保护鸟类有重要意义。多数鸟类取食乔木和灌木的果实类型大多为肉质的浆果、核果、梨果,少数为蒴果、干燥翅果、肉质球果、干燥球果。植物材料的生活型、分枝方式、高度、有无果实等对于鸟类有不同的吸引力。

冬季多数鸟类喜欢开阔的疏林及不同类型混合的生境,植物本身的分枝方式、密集程度等都对不同鸟类有影响。冬季植物性食物对于鸟类是十分重要,多数鸟类取食果实和种子,只有极少数鸟类是纯食虫性。

2.1.5.2 蝶类与植物

在湿地、河道、湖泊、人工池塘等水生环境中的食物链中,昆虫是鱼类、两栖类、鸟类等野生动物的食物源之一。水边草地上栖息着大量蝶类等草地昆虫。蝶类是一类美丽的昆虫,被誉为"会飞的花",其在生态系统中扮演着重要的角色,帮助循环营养和为开花植物授粉,且是重要的生态指示物种。蝴蝶栖息地为幼虫提供食物的寄主植物和成蝶提供食物的蜜源植物是其重要的组成部分,为蝶类提供食物、栖息地、繁

殖地和越冬地。

蝴蝶的蜜源植物不仅是蝴蝶成蝶的食物来源,还可供观赏。吸引蝴蝶的蜜源植物种类包括乔木、灌木,多年生草本、一二年生草本植物。种植这些植物种类,在橘子洲上的周围草地上设计花径、花境、花岛等形式来吸引蝴蝶、蜜蜂等昆虫的访问。

对于野生生物来讲,一个理想水体栖息地有以下特征:

①植物材料多样化,水边乔灌木、岸边植物、水生植物等丰富了水体生态区的植物群落,满足各种不同类型生物的需要。

②在水面边沿处种植一些阔叶树,选择一些鸟类喜欢的结果实的树种,如槭树科,由于需要阳光直射水面,应避免成行成排种植。

③水陆交接处的野生生物较多,将岸边挖成不规则的形状,以延长水岸线,并在河湖的毗邻地种植禾本科以供水鸟食用。

④河岸须尽可能做出多样化的处理,如坡度平缓的河岸,泥泞的河岸以及陡峭的河岸等,以满足各种动物的需求。

⑤为水鸟提供人工鸟巢和鸭筐,以及可供鸟类栖息和筑巢的不受干扰的小岛。要使城市水体生态区成为野生生物良好的生境,其植物的科学配置和岸线环境的设计是其重要因素[9]。

2.2　滨水植物分类

水是影响植物生存的基本条件,是植物生存的重要因子。植物体内的含水量一般都超过了60%,植物在进行任何生理活动时都离不开水。大气降水和地下水是水的主要来源,水是通过质态、数量和持续时间这三个方面来影响植物的。水有多种质态,如固态水、液态水和气态水。水质不同,对植物的影响也不同。水分充足、雨水繁多地区的植物必定会生长得更好。

根据植物对水的依赖程度,可将植物分成水生植物和陆生植物两大类。常见的水生植物有睡莲,叶片漂浮在水上。有的植物大部分茎叶伸出水面,常见的有荷花,生长在水边的有再力花、芦苇、菖蒲、黄花鸢尾等。有些植物整个身体全部沉在水中,完全与空气隔绝,这样的植物有金鱼藻、海菜花、狸藻类等。水生植物要求有充足的水分,不能忍受干旱。在陆生植物中包括抗旱能力差的湿生植物如石菖蒲、鱼腥草以及池杉、垂柳等,这些植物所在的土壤含水量要高,甚至土壤表面有积水也能正常生长。旱生植物是指抗旱能力强,能够忍受长期的土壤干旱,这类植物有合欢、夹竹桃、芦荟、龙舌兰等。大部分的陆生植物属于中生植物,无法忍受过干或过湿的环境。

适宜在滨水空间栽植的植物依据耐水特性,可以分为岸际陆生植物、水源湿生植物、水生植物和消落带植物四大类型,囊括了滨水空间绿化应用的全部植物种类。

其中岸际陆生植物种植区间可成为滨水空间的常规种植区,基本不受水位影响,但地下水位较高;水源湿生植物和水生植物对水的依赖性较高,分布于滨水空间常水位以上的水湿生植物种植区;消落带植物种植区受季节性水位涨落影响大,只适宜种植草本、灌木类的消落带植物(图 2-6)。

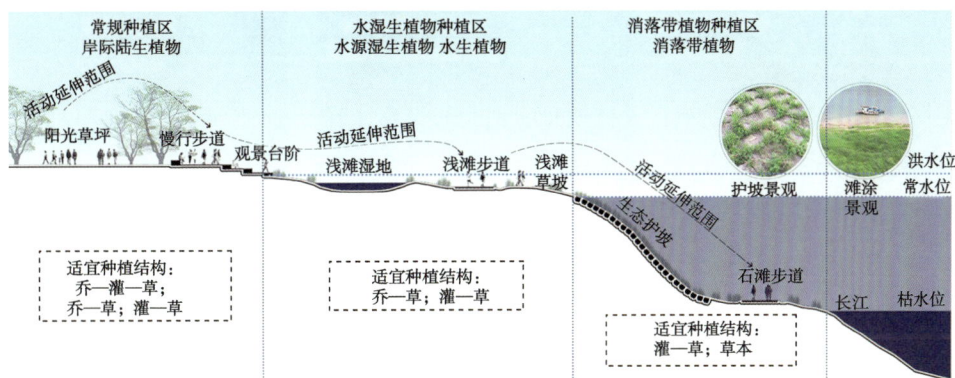

图 2-6 滨水绿化植物四大类型分布区间

2.2.1 岸际陆生植物

岸际陆生植物一般生长在地面或者水体边缘湿润的土壤里,但是根部不能浸泡在水中,一般情况下此类植物具有一定的耐水湿能力。

它的种类非常丰富,主要由乔木、灌木、地被植物组成(图 2-7)。

乔木:女贞、悬铃木、朴树、加杨、柿子树、桑树、喜树、榆树、丝棉木、白蜡、碧桃等;

灌木:夹竹桃、花叶夹竹桃、云南黄馨、丁香、紫薇、棣棠、红瑞木等;

草本:鼠尾草、中国石竹、蛇目菊、美女樱、金鸡菊、宿根天人菊、大滨菊、美丽月见草、细叶芒、狼尾草、紫花地丁、玉簪、蛇莓、鸢尾、麦冬、高羊茅、山麦冬、虎耳草等。

悬铃木

朴树

喜树

女贞

柿子树

碧桃

夹竹桃

红王子锦带

宿根天人菊

细叶芒

玉簪

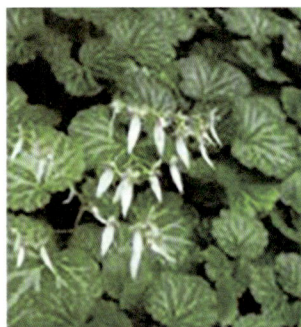

虎耳草

图 2-7 岸际陆生植物种类

2.2.2 水源湿生植物

常水位以上坡岸的植物选用有较强耐水湿、扎根能力的乔灌木以及草本植物,此类植物是滨水植物景观中的过渡性植物。在水分过剩、潮湿环境中正常生长,具有一定的抗涝性,但抗旱能力弱。

水源湿生植物可分为湿生乔灌木、阴性草本植物和阳性草本植物(图 2-8)。

池杉	水杉	落羽杉	垂柳
海芋	肾蕨	鸢尾	水稻
乌桕	枫杨	木芙蓉

图 2-8 水源湿生植物种类

2.2.2.1 湿生乔灌木

乔灌木主要有池杉、水杉、落羽杉、墨西哥落羽杉、水松、垂柳、旱柳、枫杨、乌桕、江南桤木、木芙蓉、海滨木槿、火焰柳、紫柳、彩叶杞柳、柽柳、腺柳、金钟连翘、大花溲疏、冰生溲疏、双荚决明、伞房决明、接骨木、银边接骨木、水杨梅等。

2.2.2.2 阴性草本植物

生长在阴湿的森林下层的蕨类、鸢尾科、兰科、百合科、鸭跖草科等植物,如蕨、鳞毛蕨、凤尾蕨、肾蕨、乌蕨、德国鸢尾、日本鸢尾、马蔺、白及、海芋、吉祥草、花叶玉簪、紫萼、吊竹梅、水苏、鸭跖草、紫叶鸭跖草、红花酢浆草、沼生水马齿等。

2.2.2.3 阳性草本植物

可生长在阳光充足、土壤常处于近于水饱和的环境中，如细叶芒、竹节芒、斑叶芒、蒲苇、矮蒲苇、阔叶狼尾草、东方狼尾草、阔叶狼尾草、小兔子狼尾草、紫叶狼尾草、白穗狼尾草、观赏谷子、水稻、半边莲、水毛茛、大花美人蕉、花叶美人蕉、紫叶美人蕉、三白草、鱼腥草、红莲子草等。

2.2.3 水生植物

水生植物(图 2-9)是植物体的全部或大部分在水中生长的植物。根据沉水程度分为挺水植物、浮叶植物、漂浮植物和沉水植物等。

荷花

美人蕉

千屈菜

芦苇

黄菖蒲

花叶芦竹

水葱

风车草

再力花

睡莲

荇菜

浮蓬草

芡实

水鳖

莼菜

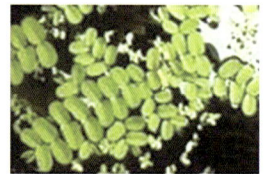
槐叶萍

满江红　　　　　狐尾藻　　　　　金鱼藻　　　　　苦草

光叶眼子菜　　　　　黑藻

图 2-9　水生植物种类

2.2.3.1 挺水植物

荷花、千屈菜、菖蒲、黄菖蒲、石菖蒲、水葱、香蒲、灯芯草、再力花、梭鱼草、花叶芦竹、泽泻、旱伞草、芦苇、茭白等。

2.2.3.2 浮叶植物

睡莲、萍蓬草、荇菜、芡实、王莲、莼菜等。

2.2.3.3 漂浮植物

浮萍、紫背浮萍、凤眼莲、大藻、田字萍等。

2.2.3.4 沉水植物

黑藻、金鱼藻、眼子菜、苦草、菹草、狐尾藻等。

2.2.4 消落带植物

消落带是指河流、湖泊、水库中由于季节性水位涨落,致使被水淹的土地出露水面,周期性成为陆地的区域。消落带的植物(图 2-10)主要选择在汛期耐水湿,枯水期耐干旱的植物,如芦苇、甜根子草、卡开芦、芦竹、扁穗牛鞭草、狗牙根、疏花水柏枝、秋华柳等。

扁穗牛鞭草	双穗雀稗草	狗牙根	野青茅
疏花水柏枝	卡开芦	芦苇	枸杞
秋华柳	小梾木	地瓜藤	中华蚊母树

图 2-10　消落带植物种类

2.3　乔木设计标准及主要植物

2.3.1　乔木设计标准

滨水空间乔木设计标准总结如下：

①常绿乔木与落叶乔木的数量比例（常绿落叶比）控制在 1∶3～2∶3 的比例为宜；

②大乔木与小乔木数量比例控制在 3∶1～3∶2 为宜；

③除少量景点的孤植树之外，乔木胸径设计为 10≤φ≤20，主入口行道树选用规格（以香樟为例）：φ20～25，H700-750，P450-500，分支点≥200（单位：cm）；

④红线内禁止使用重截苗（杀头苗），见图 2-11；

⑤禁止使用树龄较高的古树；

⑥房前屋后禁用松柏类植物;

⑦规格较小的水杉、池杉等杉科乔木不宜作为单排行道树使用;

⑧依据水位变化规律选用相适应的乔木种类,严禁将不耐淹的乔木栽植于有被水淹风险和地下水位长期偏高的区域;

⑨消落带区域不栽植乔木。

图 2-11 禁用重截苗

2.3.2 常绿乔木

常绿乔木按照其形态特征分,可以分为塔形、广圆锥形、柱状圆锥形、卵圆形、球形等。

塔形:墨西哥落羽杉、东方杉、柳杉;

广圆锥形:雪松、湿地松、火炬松;

柱状圆锥形:圆柏、龙柏、铅笔柏;

卵圆形:香樟、女贞、广玉兰、杜英、天竺桂、柚子树、柑橘、大叶冬青;

球形:桂花、石楠、红叶石楠。

2.3.3 落叶乔木

落叶乔木按照其形态特征分,可以分为塔形、广圆锥形、柱状圆锥形、卵圆形、球形、伞形等。

塔形:水杉、落羽杉、池杉、中山杉;

广圆锥形:银杏、白玉兰、紫玉兰、二乔玉兰;

卵圆形:悬铃木、重阳木、喜树、枫香、喜树、柿子树、榉树、栾树、白蜡、朴树、三角枫、五角枫、元宝枫、早樱、垂丝海棠、黄金槐、碧桃;

球形:国槐、馒头柳;

伞形:合欢。

2.4 灌木设计标准及主要植物

2.4.1 灌木设计标准

此处灌木指的是丛生状态、比较矮小的树木,设计中以点植的形式种植,滨水空

间灌木设计标准总结如下：

①常绿灌木与落叶灌木的数量比例控制在 $1:1\sim2:1$ 的比例为宜；

②球类植物仅在重要节点位置与植物组团搭配种植；

③灌木适宜选用具有观花、观果、观枝、闻香等特征之一的种类；

④依据水位变化规律选用相适应的灌木种类，选用耐水湿的灌木类型；

⑤消落带区域选用耐淹的灌木种类。

2.4.2　常绿灌木

常绿灌木按照其观赏特性分，可以分为观花、观果、观叶、闻香等多种类型。例如，观花的夹竹桃、地中海荚蒾、皱叶荚蒾、山茶、油茶；观果的金银木；观叶的彩叶杞柳；闻香的大花栀子、含笑等。

2.4.3　落叶灌木

落叶灌木按照其观赏特性分，可以分为观花、观枝、观叶、闻香等多种类型。例如，观花的木芙蓉、木槿、紫荆、紫丁香、白丁香、暴马丁香、四照花、木本绣球、溲疏、重瓣溲疏、壮花月季、穗花牡荆；观枝的山麻杆、红瑞木；观叶的金边锦带花；闻香的蜡梅等。

2.5　地被设计标准及主要植物

2.5.1　地被设计标准

此处地被包含矮生灌木类（含绿篱色块）、草本地被类、蔓性藤本类、矮竹类、蕨类和草坪草，滨水空间地被设计标准总结如下：

①后期养护管理成本较高的整形绿篱不宜大面积使用；

②落叶绿篱或宿根类植物不宜大面积露地栽植，以免冬季裸露土壤严重；

③草坪面积控制在总绿化面积的 $30\%\sim60\%$，滨水区域推荐使用撒播草籽的缀花草代替草坪草；

④花卉种类适宜选用能自播繁衍的种类，降低后期养护成本。

2.5.2　木本地被

木本地被包含矮生灌木类（含常绿绿篱色块）、蔓性木质藤本类、矮竹类等。按照其观赏特性分，可以分为观花、观果、观枝、色叶、闻香等多种类型。

矮生灌木类(含常绿绿篱色块)地被包括：

常绿：八角金盘、熊掌木、海桐、大叶黄杨、小叶黄杨、金边黄杨、金森女贞、小叶女贞、金叶女贞、红叶石楠、红花檵木、大花栀子、小叶栀子、桃叶珊瑚、洒金桃叶珊瑚、春鹃、茶梅、丝兰、凤尾兰、南天竹、地中海荚蒾、铺地柏、小龙柏、火棘、枸骨、无刺枸骨、狭叶十大功劳、阔叶十大功劳、含笑、龟甲冬青、六月雪、金丝桃、紫叶小檗、龟甲冬青、匍枝亮绿忍冬、金叶大花六道木、大花六道木等；

落叶：笑靥花、麻叶绣线菊、菱叶绣线菊、粉花绣线菊、金山绣线菊、金焰绣线菊、溲疏、伞房决明、山麻杆、红瑞木、木本绣球、天目琼花、棣棠、重瓣棣棠、黄刺玫、金银木、丰花月季、锦带花等。

蔓性木质藤本类地被包括：爬山虎、五叶地锦、油麻藤、常春油麻藤、常春藤、络石、花叶络石、薜荔、金银花、蔓长春、花叶蔓长春、扶芳藤、雀梅藤、蔷薇、云南黄馨、迎春、连翘、迎夏、金钟花等。

矮竹类地被包括：菲白竹、菲黄竹、凤尾竹、箬竹、阔叶箬竹等。

2.5.3　草本地被

木本地被包含草本花卉、观赏草类、蔓性草质藤本类、蕨类和草坪草等,按照其观赏特性分,可以分为观花、观叶、闻香等多种类型。

草本花卉类地被包括：

一、二年生花卉：百日草、千日红、波斯菊、硫华菊、蜀葵、三色堇、二月兰、油菜花、半支莲、翠菊、虞美人、矢车菊、福禄考、万寿菊、金鱼草、蓝亚麻等；

多年生花卉：荷兰菊、亚菊、美丽月见草、石蒜、忽地笑、大花萱草、金娃娃萱草、火星花、德国鸢尾、日本鸢尾、路易斯安娜鸢尾、柳叶马鞭草、紫茉莉、宿根美女樱、沿阶草、细叶麦冬、阔叶麦冬、金边阔叶麦冬、吉祥草、蜘蛛抱蛋、佛甲草、锦叶苔草、紫叶鸭跖草、红花酢浆草、紫叶酢浆草等。

观赏草类地被包括：细叶芒、斑叶芒、花叶芒、晨光芒、矮蒲苇、蒲苇、细茎针茅、拂子茅、金叶苔草、柳枝稷、大布尼狼尾草、小兔子狼尾草、紫穗狼尾草、白穗狼尾草、矮株狼尾草、东方狼尾草、粉黛乱子草、坡地毛冠草、血草等。

蔓性草质藤本类地被包括：圆叶牵牛、裂叶牵牛、茑萝、铁线莲、五爪金龙、绞股蓝、过路黄等。

蕨类地被包括：肾蕨、铁线蕨、乌蕨、鳞毛蕨、荚果蕨、木贼等。

草坪草类包括：马尼拉、矮生百慕大、狗牙根、台湾四季青、天堂草、高羊茅、黑麦草、假俭草、结缕草、草地早熟禾、早熟禾、匍茎剪股颖等。

2.6 藤本植物设计标准及主要植物

藤本植物体细长,茎不能直立,只能依附别的植物或支持物,缠绕或攀缘向上生长,或者匍地和垂吊生长。按照茎干是否木质化可以分为木质藤本植物和草质藤本植物。

2.6.1 藤本植物设计标准

滨水空间藤本植物设计标准总结如下:
①攀缘类藤本植物依靠亭廊、围栏、围墙等设施攀缘,禁止攀缘乔木生长;
②攀缘类藤本植物应控制种植密度,规格应与栽植间距保持合理的对应关系;
③若无可依附的攀缘设施,滨水空间应少用藤本植物;
④匍地和垂吊类的藤本植物可作为地被进行栽植,禁止与园路铺装顺接的绿地栽植,以免蔓延至路面。

2.6.2 木质藤本植物

木质藤本植物为茎干木质化的藤本植物,茎不能直立,必须缠绕或攀附在它物而向上生长。包含自攀缘类、辅助攀缘类以及匍地和垂吊类,按照其观赏特性分,可以分为观花、观叶、观果、闻香等多种类型。

自攀缘类:爬山虎、五叶地锦、络石、花叶络石、薜荔等;

辅助攀缘类:藤本月季、凌霄、美国凌霄、葡萄、油麻藤、常春油麻藤、紫藤、金银花、雀梅藤、木香、蔷薇等;

匍地和垂吊类:扶芳藤、常春藤、爬山虎、络石、花叶络石、薜荔、金银花、蔓长春、花叶蔓长春、木香、云南黄馨、迎春、连翘、迎夏、金钟花等。

2.6.3 草质藤本植物

草质藤本植物为茎干草质的藤本植物,茎不能直立,必须缠绕或攀附在它物而向上生长。包括:圆叶牵牛、裂叶牵牛、茑萝、铁线莲、五爪金龙、绞股蓝等。

2.7 水生植物设计标准及主要植物

水生植物是植物体的全部或大部分在水中生长的植物。根据沉水程度主要分为挺水植物、浮叶植物、漂浮植物和沉水植物 4 种类型。

2.7.1 水生植物设计标准

滨水空间水生植物设计标准总结如下：

①因地制宜，根据水面的大小、深浅，水生植物的特点，选择集观赏、经济、水质改良于一体的水生植物；

②数量适当，有疏有密，水生植物的覆盖面积不宜超过水面的 1/3；

③控制生长，安置设施，为了控制水生植物的生长，常用方法是将水生植物设置在种植床或种植缸内，以点缀水面，在较大面积时，可用砖或混凝土砌成栽植台。

2.7.2 挺水植物

挺水植物（图 2-12）指的是植物的根、根茎生长在水的底泥之中，茎、叶挺出水面；其常分布于 0~1.5m 的浅水处，其中有的种类生长于潮湿的岸边。这类植物在空气中的部分，具有陆生植物的特征；生长在水中的部分（根或地下茎），具有水生植物的特征。

常用挺水植物有：荷花、千屈菜、菖蒲、黄菖蒲、石菖蒲、花菖蒲（玉蝉花）、水葱、香蒲、灯芯草、再力花、梭鱼草、芦竹、花叶芦竹、黑三棱、水生美人蕉、溪荪、泽泻、慈姑、旱伞草、芦苇、菰（茭白）、水芹、纸莎草、莎草、香菇草等。

荷花

美人蕉

千屈菜

芦苇

黄菖蒲

花叶芦竹

水葱

风车草

再力花

香蒲

图 2-12 挺水植物

2.7.3 浮叶植物

浮叶植物(图 2-13),又称作生浮水植物,生于浅水中,根长在水底土中的植物,仅在叶外表面有气孔,叶的蒸腾作用非常强。根扎入水底基质,只是叶片浮于水面的一类浮水植物。这类植物气孔通常分布于叶的上表面,叶的下表面没有或极少有气孔,叶上面通常还有蜡质。浮叶植物的腔道形成连续的空气通道系统,通过这个系统,沉水器官可利用浮水器官的气孔与大气进行气体交换,免除由沉水造成缺氧。

浮叶植物有:睡莲、萍蓬草、荇菜、芡实、王莲、莼菜、菱等。

睡莲

荇菜

萍蓬草

芡实

图 2-13 浮叶植物

2.7.4 漂浮植物

漂浮植物(图 2-14),又称完全漂浮植物,是根不着生在底泥中,整个植物体漂浮在水面上的一类浮水植物。这类植物的根通常不发达,体内具有发达的通气组织,或具有膨大的叶柄(气囊),以保证与大气进行气体交换。

漂浮植物有:浮萍、紫背浮萍、凤眼莲、大薸、田字萍、槐叶萍、水鳖、满江红等。

水鳖

田字萍

槐叶萍

满江红

图 2-14 漂浮植物

2.7.5 沉水植物

沉水植物(图 2-15),是指植物体全部位于水层下面营固着生存的大型水生植物。它们的根有时不发达或退化,植物体的各部分都可吸收水分和养料,通气组织特别发达,有利于在水中缺乏空气的情况下进行气体交换。这类植物的叶子大多为带状或丝状。

沉水植物有:黑藻、轮叶黑藻、金鱼藻、光叶眼子菜、马来眼子菜、微齿眼子菜、篦齿眼子菜、苦草、欧亚苦草、矮苦草、密刺苦草、密齿苦草、大苦草、菹草、狐尾藻、粉绿狐尾藻、穗花狐尾藻、轮叶狐尾藻、伊乐藻等。

狐尾藻

金鱼藻

苦草

光叶眼子菜　　　　　　　　　　黑藻

图 2-15　沉水植物

2.8　消落带植物设计标准及主要植物

消落带是指河流、湖泊、水库中由于季节性水位涨落,致使被水淹的土地出露水面,周期性成为陆地的区域。消落带的植物选择应选择在汛期耐水湿、枯水期耐干旱的植物。

2.8.1　消落带植物设计标准

滨水空间消落带植物设计标准总结如下:

①植物在消落带生态系统中充当生产者的角色,对水土的涵养和水库水质的改善起着重要的作用,所以选择植物时应当考虑其生态安全性,更要从可持续发展的角度选择植物营造。

②以因地制宜、适地适树为主要原则,乡土树种较于非乡土树种能更快地适应当地环境,对于消落带环境的种植更有利,不仅利于自身的生态恢复,也会影响周边生态向良好方向转变;

③植物种类和空间的营造应寻求多变,选不同科属的植物营造,能增强生态景观的丰富性和生态稳定性。

2.8.2　消落带植物种类

消落带植物主要分为草丛和灌丛两类。

①低矮草丛:扁穗牛鞭草、双穗雀稗草、狗牙根、野青茅等;

②高草草丛:卡开芦、芦苇、芦竹、甜根子草等;

③灌丛:疏花水柏枝、枸杞、秋华柳、小梾木、紫穗槐、地瓜藤、中华蚊母树等。

2.8.3　其他较耐淹植物种类

有些植物虽然不适宜在消落带栽植,但也有一定的耐淹能力,在被淹概率较小、

淹没时常较短的消落带区域也适用。不同植物依据淹没时长,可以总结如下:

(1)淹水时长大于6小时,小于12小时的区域植物选择(但不能把植物全部淹没)

①一年生草花:柳叶马鞭草、中国石竹、洋甘菊、银苞菊、蛇目菊(矮生)、美女樱、一串红、甜叶菊、"星白"勋章菊、孔雀草。

②宿根花卉:垂盆草、紫花地丁、爬山虎、野牛草、结缕草、美人蕉、大花萱草、二月兰、花叶芦竹、匍匐剪股颖、灯芯草、常夏石竹、金鸡菊、美丽月见草、月见草、宿根天人菊、滨菊、剪秋萝、蛇鞭菊、紫松果菊、大金鸡菊、玉簪、蛇莓、细叶芒、斑叶芒、狼尾草、花叶芒、地被菊、鸢尾、麦冬、高羊茅、山麦冬、涝峪苔草、虎尾草、绢毛匍匐委陵菜、鼠尾草。

③灌木:连翘、丁香、紫薇、北海道黄杨、大叶黄杨、棣棠、珍珠梅、紫叶小檗、蜡梅、红王子锦带、红瑞木。

④乔木:紫叶李、紫叶矮樱、矮生紫薇、沙棘、胡颓子、芦竹、西府海棠、水杉、垂柳、加拿大杨、朴树、女贞、圆柏、二球悬铃木、柿子树、桑树、旱柳、丝棉木、榆、白蜡、紫穗槐、黄栌、麻栎、一球悬铃木、山荆子、桑树、绒毛白蜡、构树。

(2)淹水时长大于24小时,但小于15天的区域植物选择

主要有千屈菜、黄菖蒲、柽柳、美人蕉、芦苇、香蒲、菖蒲、石菖蒲、睡莲、凤眼莲、金鱼藻、荇菜、荷花、水葱。

2.9 本章小结

滨水植物种类繁多,想要筛选出适宜的植物种类需要根据场地情况、植物配置的目标和需求而来。首先需要对植物的观赏特性进行分析,就每个植物而言,它在景观中的应用与其有着外观上的某种特性密切相关。植物的树干姿态、质感和色彩,树冠的形态,叶片的形状与色彩,花朵的颜色、形状和香气,果实的大小、颜色、味道等,都影响着滨水植物选择的方向。然后,水体驳岸的形式也影响着植物的选择,主要体现在植物的功能性方面,包括柔化硬质边界、稳固边坡土壤、净化污染水体以及美化滨水环境等。其次,水体的尺度和形态也影响着滨水植物的选用范围,大水面和小水面、湖水和江水、规则式水体和自然式水体。此外,地域的差异和特殊性要求也制约着植物种类的选用,特别指出的是,乡土树种能同当地景观相协调,并突出当地特色,应成为滨水植物景观配置的主体。最后,植物是野生生物栖息地的一个重要组成部分,良好稳定的植物群落有助于营建野生生物的重要栖息地,因此,怎样提高野生生物的栖息地环境,也是滨水景观植物配置的考虑范畴。

依据耐水特性,滨水空间栽植的植物可以分为岸际陆生植物、水源湿生植物、水生植物和消落带植物四大类型,囊括了滨水空间绿化应用的全部植物种类。这些植物种类依据生活型的不同,包含了乔木、灌木、地被、藤本植物、水生植物以及消落带植物。里面涉及木本植物和草本植物,湿生植物和水生植物,以及耐水淹的消落带植物等,植物分类归纳可以为不同生活型的植物种类选择提供依据和便利。

本章通过植物选择依据和植物的分类归纳,为后文滨水植物配置提供了科学的植物选择依据,是本书论述的基础资料。

第3章 滨水绿化配置依据、要求和原则

3.1 长江中下游滨水条件

3.1.1 自然地理

3.1.1.1 地形地貌

长江中下游地形的显著特点是地势低平,河渠纵横,湖泊星布,一般海拔 5～100m,但海拔大部在 50m 以下(图 3-1)。中部和沿江沿海地区为泛滥平原和滨海平原。汉江三角洲地势亦自西北向东南微倾,湖泊成群挤集于东南前缘。洞庭湖平原大部海拔在 50m 以下,地势北高南低。

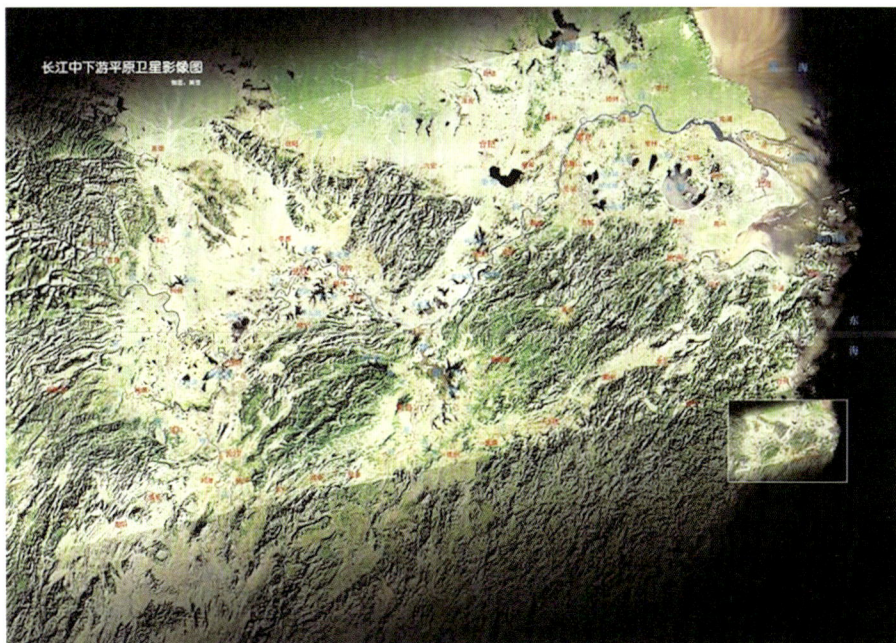

图 3-1 长江中下游平原(图片来自中国国家地理网)

鄱阳湖平原地势低平,大部海拔在 50m 以下,水网稠密,地表覆盖为红土及河流冲积物。三角洲以北即为里下河平原。平原为周高中低的碟形洼地。洼地北缘为黄河故道;南缘为三角洲长江北岸部分;西缘是洪泽湖和运西大堤;东缘则是苏北滨海平原。

3.1.1.2　涵盖地区

长江中下游涵盖地区见表 3-1 和图 3-2。

表 3-1　　　　　　　　　　　　长江中下游涵盖地区

省级行政区	区域	代表城市
湖北	中南部	武汉、黄冈、随州、荆门、荆州、孝感等
湖南	中北部	长沙、株洲、湘潭、衡阳、邵阳、常德等
江西	北部	南昌、九江、抚州、景德镇等
安徽	长江沿岸	合肥、芜湖、铜陵、马鞍山等
江苏	南部	南京、无锡、常州、苏州、扬州、镇江等
浙江	东北部	杭州、宁波、嘉兴、湖州、绍兴、台州、温州等
上海	大部	上海

图 3-2　长江中下游涵盖地区

3.1.1.3　气候特征

长江中下游平原大部分属北亚热带,小部分属中亚热带北缘。年均气温 14~18℃,最冷月均气温 0~5.5℃,绝对最低气温 −20~−10℃,最热月均气温 27~28℃,无霜期 210~270 天。农业一年二熟或三熟,年降水量 1000~1500mm,季节分配较均,但有"伏旱"。无霜期 210~270 天,10℃以上活动积温达 4500~5000℃。

3.1.1.4　土壤状况

长江中下游平原土壤主要是黄棕壤或黄褐土,南缘为红壤,平地大部为水稻土。

红壤生物富集作用十分旺盛,自然植被下的土壤有机质含量可达 70～80g/kg,但受土壤侵蚀、耕作方式影响较大,黄棕壤有机质含量也比较高,但经过耕垦明显下降。紫色土有机质含量普遍较低,通常林草地＞耕地。土壤有机质含量高,有利于形成良好结构,增强土壤颗粒的黏结力,提高蓄水保土能力。该地区的红壤、黄壤、黄棕壤与石灰土一般质地黏重,透水性差,地表径流量大,若植被消失、土壤结构破坏,极易发生水土流失;而紫色土和粗骨土透水性虽好,但土层多浅薄,在失去植被保护和降雨强度较大的情况下,亦易发生强烈侵蚀。

1940—2002 年,在 $86\times10^3 km^2$ 的长江中下游平原乡村区域中有 47％的面积发生了土地利用覆被转化,主要是耕地面积减少,非耕地面积增加。不同土地利用覆被类型的面积变化引起了其土壤有机碳储量的改变,其中稻田和闲置水域面积分别减少 21.5％和 6.7％,并造成其 0～30cm 土壤(或底泥)有机碳储量分别减少了 41.8Tg C 和 12.9Tg C;而以水产养殖、非渗漏表面为主的建筑用地、种植多年生木本作物和种植一年生作物的水浇地面积分别增加 14.2％、7.7％、3.5％和 2.0％,使其 0～30cm 土壤(或底泥)有机碳储量分别增加 32.2Tg C、22.2Tg C、12.2Tg C 和 6.5Tg C(注:TgC 为土壤有机碳含量值单位)。

3.1.2 区域划分

根据长江中下游平原不同区域的特征,可将其划分为 6 个亚平原区(表 3-2、图 3-3、图 3-4)。

表 3-2　　　　　　　　　　6 个亚平原区表

名称	简介
江汉平原	江汉平原位于长江中游湖北省,为两湖平原的北半部,是湖北省粮、棉、油、水产基地,地下有石油、石膏、岩盐等矿藏。西起枝江,东至武汉,北抵钟祥,南至长江以南的基岩低丘,与洞庭湖平原相接,面积约 3 万 km^2。除边缘分布有海拔 50～100m 的缓岗和低丘外,均为海拔 35～21m 的低下平原。地势低洼,从西北向东南微微倾斜,汉江、东荆河及长江依势向南东流。平原上垸堤纵横,由于河水泛滥,泥沙淤积,地面常低于沿河地面,垸内低于垸外,雨季常积水成涝
洞庭湖平原	洞庭湖平原位于湘阴—益阳以北,常德—松滋以东,岳阳—湘阴以西,黄山头及墨山等低矮基岩孤山以南,面积约 1 万 km^2,为断陷成因。总的地貌轮廓为:以洞庭湖为中心,由冲湖积平原、湖滨阶地、环湖低丘台地组合成的同心圆状碟形盆地。外围低丘台地呈波状起伏,海拔多为 150m,比高 100m 以下。中部的冲湖积平原,是洞庭湖平原的主体,海拔大多在 30～40m,坡度仅 6°,由湘、资、沅、澧四水和长江四口分流河(松滋河、虎渡河、藕池河及调弦华容河)的冲积扇联合组成,河网交错,湖泊成群,堤垸纵横

名称	简介
鄱阳湖平原	鄱阳湖平原因东有怀玉山,南有赣中丘陵,西有九岭山,北有庐山等山地丘陵环绕,故又称鄱阳湖盆地,海拔在 50m 以下,包括鄱阳湖及其周围地区,大致位于庐山东麓、德安、新建、丰城、临川、乐平之间,面积约 2 万 km^2,为地壳断陷河湖泥沙填积生成,由冲湖积平原和红土岗地两部分组成
苏皖沿江平原	苏皖沿江平原位于北纬 30°~32°,东经 116°~120°,其中包括芜湖平原和巢湖平原,由长江及其支流挟带的泥沙冲积而成,地质构造基础及自然地理环境结构比较均一,是中国开发历史悠久、经济文化发达的地区
里下河平原	里下河平原是位于江苏省中部的一碟形平原洼地,又称苏中湿地(位于淮安,盐城,扬州,泰州,南通 5 市交界区)。它西起里运河,东至串场河,北自古淮河,南抵通扬运河,大约在北纬 32°~33.5°,东经 119°~120°,面积 13500 余平方千米。里下河平原地势极为低平,而且呈现四周高、中间低的形态,状如锅底,地面高程从周围海拔 4.5m,逐渐下降到海拔只有 1m 左右(射阳河),并且大致从东南向西北缓缓倾斜
长江三角洲平原	长江三角洲平原为长江及钱塘江冲积和滨海沉积共同组成的河口三角洲平原。三角洲平原从江苏省镇江市向北至苏北的泰州市一海安市一带,逐渐过渡到黄淮平原,南达杭州湾北岸,西至长江以北,大致以大运河为界,在江南直抵镇江、丹阳以西的宁镇低山丘陵及茅山山地,向东伸入东海,总面积约 8 万 km^2,其中陆上面积约 2.3 万 km^2,海拔多在 10m 以下。地貌有滨海沙堤、滨湖平原及沿江天然堤等

图 3-3 长江中下游区域划分

洞庭湖平原

江汉平原

鄱阳湖平原

里下河平原

图 3-4 长江中下游平原风貌

3.1.3 自然资源

3.1.3.1 植物资源

（1）陆生植物

长江中下游平原区域内分布的常见野生草本植物种类有土茯苓、益母草、明党参、葛根、虎杖、夏枯草、白花前胡、乌药、野菊花、地榆、茵陈、淡竹叶、何首乌、女贞子、南沙参、百部、瓜蒌、桔梗、丹参、牛蒡子、淫羊藿、白前、白花蛇舌草、玉竹、夏天无、太子参、鸡血藤、白药子、猫爪草、北柴胡、南柴胡、马兜铃、射干、艾叶、积雪草等；乔木类有樟树、女贞、冬青、枸骨、枫香、梧桐、合欢、乌梅、南酸枣等；灌木类有覆盆子、檵木、金樱子、木芙蓉、棕榈、山胡椒、冻绿、野山楂等。

（2）水生植物

长江中下游平原区域内水生植物主要在湖泊内，从沿岸浅水向中心深水方向呈有规律的环状分布，依次为挺水植物带、浮水植物带和沉水植物带。挺水型水生植物

指根扎生于水底淤泥,植物体上部或叶挺生于水面的种类,多分布于内湖浅水、浅溏、沟汊及水田中,主要种类有芦苇、水烛、东方香蒲、莲、菰、慈姑、泽泻、黑三棱、菖蒲、石菖蒲、水葱、雨久花、鸭舌草和中华水韭等;浮水型水生植物指植物体悬浮于水上或仅叶片浮生于水面的种类,多分布于湖缘、池塘、沟汊等静水水域,主要种类有芡实、菱、野菱、莕菜、浮萍、紫萍、满江红、四叶萍、凤眼莲、空心莲子草、莼菜、睡莲、萍蓬草、水蕨、水龙等;沉水型水生植物指扎根于水底淤泥中或沉于水中的植物,多分布于水深4m以下的暖流静水水域中,主要种类有眼子菜、菹菜、竹叶眼子菜、金鱼藻、黑藻、水车前及苦草等;在平原的沟溪长期积水处或土壤潮湿的沼泽地,还分布有灯芯草、谷精草、矮慈姑、牛毛毡、节节菜、圆叶节节菜、水苋菜、丁香蓼、水芹、半枝莲、水苏、薄荷、鳢肠、蔓荆子、水蜈蚣、鱼腥草、三白草、毛茛,半边莲、猫爪草和白前等。

3.1.3.2 动物资源

长江中下游平原区域内主要有蟾酥、地龙、刺猬皮、土鳖虫、鳖甲、龟甲、僵蚕、蝉蜕、水蛭、蜈蚣、牡蛎、青娘虫、虻虫、蛴螬虫、蜣螂虫、蝼蛄、守宫(壁虎)、蕲蛇、乌梢蛇、白花蛇,穿山甲、水獭、猴、鹿、熊、猫、鲍、鳊、鲴、鲌、鲢、鲤、鲫、青、草、鳡、鲦、鲥、香鱼、银鱼(有大银鱼、短吻银鱼、细银鱼、尖头银鱼等多种)、鳗鲡、花鲈和松花鲈(又名四鳃鲈)、中华鲟、扬子鳄等动物。

3.1.3.3 矿产资源

长江中下游平原矿产资源种类很多,主要有萤石、磁石、滑石、紫石英、秋石、青礞石、代赭石、寒水石、自然铜、阳起石、云母、禹粮石、鹅管石、石膏、煤炭、有色金属等。其中有色金属在中国占有重要地位。这主要由于江南山地丘陵在地质历史上曾有过大规模的岩浆活动,岩浆在冷凝过程中,所含的各种金属成分在不同温度下分别形成钨、锑、铜、铅、锌等有色金属。

江西大余的钨、湖南冷水江的锑,都是有名的矿藏。江西德兴、安徽铜陵和湖北大冶的铜,湖南水口山的铅、锌也都是储量很大的矿区。黑色金属中有湖北大冶和安徽马鞍山与庐江的铁矿,它们分别为武汉和马鞍山的钢铁工业提供了原料,湖南湘潭的锰矿也很有名。

煤炭资源分布情况是:长江以北多大煤田,如江苏徐州,安徽的淮北、淮南;长江以南多中小煤田,主要有江西萍乡、丰城,湖南资兴等。非金属矿产有湖北的磷矿,在中国占有重要地位。

3.1.4 水系情况

3.1.4.1 河流

长江中下游平原区域内的长江天然水系及纵横交错的人工河渠使该区成为全国

河网密度最大的地区,区域内最主要的河流为长江及其支流汉江,区域内河流多为冲积性河流(图3-5)。

图3-5 长江中下游水系

(1)长江

长江是中国第一大河,干流全长约6300km,流域总面积约180万km²,年平均入海水量约9600亿m³。以干流长度和入海水量论,长江均居世界第三位。长江的上源沱沱河出自青海省西南边境唐古拉山脉格拉丹冬雪山,经当曲后称通天河;南流到玉树市巴塘河口以下至四川省宜宾市间称金沙江;宜宾以下始称长江,扬州以下旧称扬子江。长江流经西藏、四川、重庆、云南、湖北、湖南、江西、安徽、江苏等省(自治区、直辖市),在上海市注入东海,在江苏省镇江市同京杭大运河相交。

(2)汉江

汉江全长1532km,为长江最长的支流,流域面积15.9万km²。全流域属北亚热带季风气候,降水丰富,水量充沛,河口年平均径流量为1820m³/s;由于中上游来自山区,水流急骤,冲刷较强,沙量较多,年平均含沙量为2.39kg/m³,是长江中游主要的泥沙来源;水力资源丰富,估计在600万kW左右。汉江因全流域处于同一降雨带中,干支流径流比较集中,而下游河床淤浅,再加长江洪水顶托,常因泄洪不畅而溃堤形成涝灾。

3.1.4.2 湖泊

(1)主要湖泊

长江中下游平原区域内的淡水湖泊众多,湖荡星罗棋布,湖泊面积约 2 万 km^2,相当于平原面积的 10%。两湖平原上,较大的湖泊有 1300 多个,包括小湖泊,共计 1 万多个,面积 1.2 万余平方千米,占两湖平原面积的 20% 以上,是我国湖泊最多的地方。江汉平原素有"鄂清上千,湖泊成群"的说法,长江三角洲亦有"水乡泽国"之称,湖荡洼地占三角洲土地总面积的 13.4%。除太湖外,面积在千亩以上的大湖有 150 多个,千亩以下的荡、泊数以千计。

长江中下游平原区域内的湖泊中,以鄱阳湖、洞庭湖、太湖、洪泽湖、巢湖等的面积较大。它们对长江及其支流的作用最显著,具有调节水量、延缓洪峰的天然水库作用,兼具灌溉、航运、养殖之利。

1)鄱阳湖

鄱阳湖位于江西省北部的长江南岸,是我国最大的淡水湖。它承纳了赣江、抚河、信江、修水、饶河等五大河和若干独流,北注长江,汇归大海。南北长约 170km,东西最大宽度为 74km,南宽北窄,形似葫芦,面积约 3960 km^2。湖面海拔 21m,最深达 23m。它的湖面因季节变化伸缩性很大,历来有"洪水一片,枯水一线"之说。在枯水期,湖面面积为 500 km^2,洪水期面积可达 3960 km^2。在鄱阳湖周围还有众多的卫星湖。

2)洞庭湖

洞庭湖是我国第二大淡水湖,由东、西、南洞庭湖和大通湖 4 个较大的湖泊组成,在湖北省南部、湖南省北部、长江南岸。北有松滋、太平、藕池、调弦四口(1958 年堵塞调弦口)引江水来汇,南和西面有湘江、资水、沅江、澧水注入。洞庭湖湖滨平原地势平坦,土地肥美,气候温和,雨水充沛,盛产稻米、棉花。湖内水产丰富,航运便利。

3)太湖

太湖位于长江三角洲的南缘,古称震泽、具区,又名五湖、笠泽,是我国五大淡水湖之一,介于北纬 30°55′40″～31°32′58″,东经 119°52′32″～120°36′10″,横跨江、浙两省,北临无锡,南濒湖州,西依宜兴,东近苏州。湖泊面积 2427.8 km^2,水域面积为 2338.1 km^2,湖岸线全长 393.2km。其西和西南侧为丘陵山地,东侧以平原及水网为主。

4)洪泽湖

洪泽湖位于淮河中游、江苏省西部,是"南水北调"工程东线部分的过水通道。在正常水位 12.5m 时,水面面积为 1597 km^2,平均水深 1.9m,最大水深 4.5m,容积

30.4 亿 m^3。湖泊长度 65km,平均宽度 24.4km,汛期或大水年份水位可高到 15.5m,面积扩大到 3500km²。

5)巢湖

巢湖位于安徽省中部巢湖市和肥西、肥东、庐江等县间。湖形呈鸟巢状,东西长 78km,南北宽 44km,面积 820km²,湖面海拔 10m,蓄水量 36 亿 m^3,平均水深 4.4m,最大水深 5m。湖岸曲折,港汊众多,号称 360 滩。湖底平坦,由西北向东南略有倾斜。若以姥山岛与忠庙一线为界,可将巢湖分为东、西二湖。巢湖属构造断陷湖类型。

(2)湖泊常见类型

1)构造湖

构造湖的湖盆主要是由地壳沉陷而产生的,实际上是由局部断裂作用使地壳构造下陷而成。许多大湖和较大的湖泊,如鄱阳湖、洞庭湖、巢湖、七里湖等,都是构造湖。

2)河迹湖

河迹湖是在河床摆动的情况下,旧河床积水而成的,最典型的是牛轭湖。这类湖泊,一般面积较小,外形上常呈长弓形、月牙形。长江中下游平原区的牛轭湖,比较典型的有荆江河段的月亮湖、大公湖、西湖;据研究,荆江曲流段天然裁弯取直的周期为每 30 年一次。此外,九江以西的官湖、安庆对岸大渡口东的八都湖等,也都是河迹湖。

3)堰塞湖

堰塞湖是河床或河谷地带内堆积地貌发育阻塞河流、注地,从而积水而成的湖泊。这类湖泊,在长江支流入江,或次一级支流入河的河口区附近,因堆积型地貌发育而堰塞成湖的比比皆是,如洪湖、白潭湖、张渡湖、武汉市东湖和南京市的莫愁湖等。

4)沉溺湖

沉溺湖位于新构造运动下降区。由河谷地带的浅洼地或残丘、阶地间的坳沟、注地因地壳下降沉溺积水成湖。长江中下游平原区的沉溺湖,湖北境内有泊湖、源湖、沉湖等。江苏境内的有苏州市、昆山市等地的湖荡。在东太湖、澄湖、阳澄湖、元荡、淀山湖等湖泊底部,普遍发现了新石器时代的埋藏遗址,石器、骨铁等遗物,以及铁僵石和泥炭层。有人根据钻孔资料、考古文物的埋藏深度,提出东太湖—澄湖—淀山湖一线应是长江三角洲平原区的沉降中心。位于沉降中心区的湖泊,一般都是沉溺湖。

5)潟湖

潟湖位于古海滨或现代海滨,潟湖的形成明显受到海岸演变的影响。长江三角洲平原上由潟湖演变成淡水湖泊的实例,大多数地理学者和海岸地貌工作者都认为是太湖。他们根据太湖低平原存在着海相沉积层推断,认为新构造运动使如皋、江阴、宜兴一线以东的广大地区,形成了一个以太湖湖盆沉降中心的断裂坳陷盆地,坳陷盆地经受海水浸淹,形成浅水海湾。

3.1.5　古代文明

3.1.5.1　中游地区

长江中游地区的新石器时代的考古学文化主要表现为以二元为主体的谱系结构,即以两湖平原西南侧为中心的南方系统和以汉水东侧为中心的北方系统的谱系结构。

南方系统分为南、北两支,南支由彭头文化、皂市下层文化和汤家岗文化构成,北支由城背溪文化和大溪文化构成,他们的绝对年代距今8500—5100年。北方系统的考古学文化由边畈文化、油子岭文化、屈家岭文化和石家河文化构成,他们的绝对年代距今6900—4200年。在发展的构成中,南北两系统的考古学文化有着不同程度的交往和影响。在距今5100年前后,这种以二元为主体的谱系结构被打破,即北方系统的油子岭文化逐步向西南扩展,到屈家岭文化时期基本取代了南方系统,实现了空前的统一和繁荣。

长江中游地区,屈家岭文化时期大致出现了"一统"的局面,相对稳定一段时间后进入石家河文化时期,此时整个长江中游的文化面貌有较大的变化。"后石家河文化"与石家河文化之间已经发生文化的断裂现象,说明了尧舜禹时期中原对"三苗"的征伐。另外,黄帝时期在较早的时期有一支发展到长江中游的宜昌地区,与西陵峡一带的土著通婚,衍生出"昌意族",即"仰韶文化南下对大溪文化中心区的影响,也许就有着黄帝与嫘祖传说的历史背景"。长江以北地区,无论大溪文化,还是油子岭文化都明显可见仰韶文化(半坡文化和庙底沟文化)的影响因素,而且呈由北向南逐渐减弱之势,至江南则基本不见其踪迹。

3.1.5.2　下游地区

长江下游地区,以太湖平原为中心,南到杭州湾地区,北以宁镇地区为中心(包括苏皖接壤地区),是自有渊源、新石器时代的考古学文化序列完整的文化区系。自河姆渡文化(前5000—前3400年)—马家文化(前5000—前4000年)以下,有松泽文化(前4000—前3200年)、良渚文化(前3200—前2200年)。这个地区分为3个明显的中心,即杭州湾宁绍地区,太湖周围和苏杭地区,以及以南京为中心的苏皖接壤地区。其文化面貌有自己特点,如稻作农业、干阑式建筑等。特别是良渚文化出现的成套的礼玉、高坛建筑土筑("金字塔")和规划严整的聚落等,成为中华文明的重要内容,说明其开始进入等级礼制社会。良渚文化的发展突然中断。其新石器时代的文化与后来的青铜文化看不出直接的联系。良渚文化明显地影响到南北各地。鲁南—苏北一带的大汶口—龙山文化就包含有颇多的良渚文化因素,反过来,良渚文化也受到了大汶口—龙山文化的影响,两种文化的陶器和石器常有互借现象。良渚文化的诸多因素为夏商周所吸纳,如礼玉制度,鼎的使用,甚至商周时期的"饕餮纹"也是直接来自良渚玉器上的纹饰。但是,整个三代,长江下游的文化和文明发展都表现出中断和回归的特点,直到春秋中晚叶才重新起步,兴起了吴越文明。也许,正因此在先秦文献及汉晋以来流传的神话传说中,不见远古时期客观存在于这一带的部落与部落集团。

3.2　配置依据

本书总结绿化配置主要依据(不限于)以下规范、导则和技术指南:

3.2.1　《公园设计规范》(GB 51192—2016)

该规范第 3.2.7 条要求观赏水面应确定各种水生植物的种植范围和不同的水深要求。第 6.1.3 条要求绿地植物种类的选择,应符合下列规定:适应栽植地段立地条件的当地适生种类;林下植物应具有耐阴性,其根系发展不得影响乔木根系的生长;垂直绿化的攀缘植物依照墙体附着情况确定;具有相应抗性的种类;适应栽植地养护管理条件;改善栽植地条件后可以正常生长的、具有特殊意义的种类。

3.2.2　《城市绿地设计规范》(GB 50420—2016)

该规范第 3.0.6 条要求城市绿地设计应以植物为主要元素,植物配置应注重植物生态习性、种植形式和植物群落的多样性、合理性。第 4.0.10 条指出水体深度应随不同要求而定,栽植水生植物及营造人工湿地时,水深宜为 0.1~1.2m。第 4.0.13 条要求水体应以原土构筑池底并采用种植水生植物、养鱼等生物措施,促进水体自净。若遇漏水,应设防渗漏设施。第 5.0.8 条要求种植设计应以乔木为主,并以常绿树与落叶树相结合,速生树与慢长树相结合,乔、灌、草相结合,使植物群落具有良好的景观与生态效益。

3.2.3 《海绵城市建设技术指南——低影响开发雨水系统构建(试行)》(建城函〔2014〕275 号)

该技术指南第四章第三节至第六节均指出低影响开发设施内植物宜根据水分条件、径流雨水水质等进行选择,宜选择耐盐、耐淹、耐污等能力较强的乡土植物。第五章第五节指出滨水绿化控制线范围内的绿化带接纳相邻城市道路等不透水汇水面径流雨水时,应建设为植被缓冲带,以削减径流流速和污染负荷。

3.2.4 《湿地公园总体规划导则》(2018 年)

该导则第 5.5.3 条指出湿地景观规划应以现有湿地植被为基础,尽量保持湿地植被的原生性。在景观修复时,应遵循适地适草(树)原则,再现本区系地带性植物群落和湿地植被特征,禁止选用外来物种。因地制宜、合理布局,做到物种多样、层次复合,形成乔、灌、藤、草、挺水、沉水、浮水植物组合,并相对完整的区系植被群落。通过栖息地的保护和恢复,丰富生物多样性。

3.2.5 《植物设计师应用手册》(2012 年)

本书按造景功能对园林植物进行分类,包括水体、绿篱、花坛、阴地、地被、行道、芳香、藤蔓植物造景等,包含 700 多个种,内容既有植物形态特征、习性介绍,又有景观特征、园林应用说明,每个种均配以多张精美的植物形态及造景图片。本书内容涉及面广,知识性、观赏性和实用性强,适合景观种植设计师参考、借鉴,也适合公园园林工作者、园林专业师生等读者阅读。

3.3 配置要求

植物是构成园林景观的主要素材。由植物构成的空间,无论是空间变化、时间变化还是色彩变化,反映在景观变化上都极为丰富。植物景观配置(即植物造景)是根据发挥园林综合功能的需要,在满足植物生态习性及符合园林艺术审美要求的基础上,把植物材料合理搭配起来,组成一个相对稳定的人工栽培群落,创作出赏心悦目的园林景观。植物作为生态环境的主体和重要的风景资源,用于园林创作,可以造成一个充满生机的、幽美的绿色自然环境,为人们提供焕发精神的审美享受。

植物景观配置的基本要素包括颜色、大小、形态、线条、质地和比例尺度等。根据这些基本要素的特征,植物被各自区分为个体或归并为类组。这些要素从来就不会彼此独立,而是交互作用成为一个整体。另外,要素特征的表述本身就与创作手法、创作原则密不可分。从植物要素特征出发,利用一定的组织编排手法(重复、对比、对称、变化等),将其组合成与自然或人造硬质环境相融,具有一定美感,满足一定功能的整体植物景观画面,这幅画面是随时间与空间动态变换的。配置要点如下:

3.3.1　从生长习性考虑园林植物配置

在植物配置中,应充分运用各种植物的形态特征,合理布局,以达到景观的整体效果。首先,乔木和灌丛的组合。乔木的体型很大,灌木丛也很茂盛,两者结合在一起,给人一种错落有致的感觉。在园林中,各种花卉还没有完全绽放的时候,通过乔木和水的组合,可以打破单调的气氛,增加一种艺术感。其次,花卉和草地的混合。在风景园林中,一项重要的工作就是利用植物的颜色进行搭配,以花草相配,以生机勃勃的绿色衬托出花卉的娇美,以五颜六色的花卉来衬托青草的柔韧。

①要严格根据植物的生活习惯、生长特点等对植物进行合理的配置,并且还要根据实际情况对植物进行栽培和美化。同时在对植物配置的过程中,要尽可能采用乡土植物,这样今后也能够更好地对其进行管理和养护,也能够很大程度地减少由运输、迁移等导致成活率比较低的问题。同时要选择适合的土地进行植物的种植,促使植物能够尽快地适应生长环境,也能够确保植物的成活率达到规定的要求,从而起到美化的效果。

②保证多样化的植物种类在园林景观绿化时,植物的多样化可以呈现出不同的景观,主要是因为各种类型的植物都有自身的形态和习性,这样就造成园林景观具有立体、多层次等特征,从而就创建出了一个多姿多彩的生活空间。同时由于园林中的植物具有多样化的特征,可吸引鸟和昆虫等,使得其拥有自己的生存空间,也促使生态环境更加合理和有秩序。

③要注重乡土植物与常规园林植物搭配。乡土植物就是当地产出的一种植物,这种植物由于常年生长在当地,其生理、遗传以及形态等都与当地的自然相适应,就比外地来的植物具有更好的适应性。所以在进行植物配置时,要选择一定数量的乡土植物,这样不仅增强了植物的整体能力,还增强了植物的生态稳定性和适应性。

④注意植物层次的搭配。搭配园林植物时,一定要注重花草树木的层次,也要注重色彩之间的搭配,倘若能够搭配好花草树木的层次和色彩,就会让人们出现眼前一亮的景象。同时在进行生态园林设计时,不同植物的叶色和花色也要注重搭配,从而就能够更好地凸显出层次感觉。

3.3.2　从观赏特性考虑园林植物配置

3.3.2.1　观花和观叶植物相结合

观赏花木中有一类叶色漂亮、多变的植物,如叶色紫红的红叶李、红枫,秋季变红

叶的槭树类,变黄叶的银杏等均很漂亮,和观花植物组合可延长观赏期,同时这些观叶树也可作为主景放在显要位置上(图 3-6)。就是常绿树种也有不同程度的观赏效果,如淡绿色的柳树、草坪,浅绿色的梧桐,深绿色的香樟,暗绿色的油松、云杉等,选择色度对比大的种类进行搭配效果更好。

图 3-6　观花植物与观叶植物的组合

3.3.2.2　层次分明

分层配置、色彩搭配是拼花艺术的重要方式。不同的叶色、花色,不同高度的植物搭配,使色彩和层次更加丰富(图 3-7)。如 1m 高的黄杨球、3m 高的红叶李、5m 高的桧柏和 10m 高的枫树进行配置,由低到高,四层排列,构成绿、红、黄等多层树丛。不同花期的种类分层配置,可使观赏期延长。

图 3-7　高低错落的植物层次

3.3.2.3 草本花卉与木本花木互补

绣球前可栽植美人蕉,樱花树下配万寿菊和偃柏,可达到三季有花、四季常青的效果。园林植物配置应在色泽、花型、树冠形状和高度、植物寿命和生长势等方面相互协调(图 3-8)。同时,还应考虑到每个组合内部植物构成的比例,及

图 3-8 木本花卉和草本花卉的组合

这种结构本身与游览路线的关系。设计每个组合还应考虑周围裸露的地面、草坪、水池、地表等几个组合之间的关系。

3.3.2.4 水体与植物配置

水是园林艺术中不可缺少的、最富魅力的一种园林要素,在中国传统园林中,几乎是"无园不水"。有了水,园林就更添活泼的生机,也更增加波光粼粼、水影摇曳的形声之美。所以,在园林规划建设中,要重视对水体的造景作用、处理好园林植物与水体的景观关系,进行合理的依水景观设计和处理(图 3-9)。

图 3-9 水系植物景观

3.3.2.5 自然式景观

自然式景观强调变化,没有一定的株行距,用同种或不同种的树木进行孤植、丛植、群植营造风景,具有活泼愉快的自然风趣。

3.3.3 从观赏季节考虑园林植物配置

避免单调、造作和雷同,形成四季景观各异,近似自然风光,使游人感到大自然的生气及其变化,有一种身临其境的感觉。总的配置效果应是三季有花、四季有绿,即所谓"春意早临花争艳,夏季浓苍翠不萧条"的设计原则。在植物配置中,常绿的比例占 1/4～1/3 较合适,枝叶茂密的比枝叶少的效果好,阔叶树比针叶树效果好,乔灌木搭配的比只种乔木或灌木的效果好,有草坪的比无草坪的效果好,多样种植物比纯林效果好。

3.3.3.1 春季

(1)以不同花期的花木分层配置

分层配置时,要注意将花期长的栽得宽些、厚些,或者其中要有 1～2 层为全年连续不断开花形成较为稳定的花期品种(如月季),使花色景观较为持久。如果将花期相同而花色不同的花木分层配置在一起,则可在同一个时间里的色彩变化丰富。但这种配置方法多应用于花的盛季或节假日,以烘托气氛。

(2)以不同花期的花木混栽

要注意将花期长的、花色美的花木多栽一些,使一片花丛在开花时此起彼伏,以延长花期。如以石榴、紫薇、夹竹桃混栽,花期可延长达 5 个月。又如梅花的花期很短,盛花期不到两周,需要将其他花期较长或在其他季节开花的花木与之混栽,如春季开花的杜鹃、夏季开花的紫薇等,使之在三季均有花可赏;初冬季节则以草花、宿根花卉(如各色菊花)散植于梅花丛中,均可克服其偏枯现象。

(3)以草本花卉补充本木花卉的不足

宿根花卉品种繁多,花色丰富,花期不相同,是克服偏枯现象的好办法。

3.3.3.2 夏季

园林里的夏季首先需要的是浓荫蔽日,蓊翳葱葱,尤其是游人必经的主干道旁,一定要种植乔木遮阴。在夏季生长的植物,我们主要观赏的是植物叶片的绿色,然而不同植物叶片绿色的深浅是不同的,在色调上也有明暗、偏色之异。而这种色度和色调的不同是随着四季气候、植物生长发育过程而不断变化的。

3.3.3.3 秋季

园林秋色景观的形成,首要的是选择树种。如果树种选择不当,或气候不相宜,则红叶可能不红。在引种外来树种时,尤宜注意。至于色叶木的配置,由于色叶木一般多是落叶树,配置时特别注意以下几点:一是树形选择;二是要注意背景,才能突出色叶木的色;三是除了背景之外,还要有其周围环境或树木的衬托。组成红叶小径或者彩叶片林,是园林中常用的方法,可以使游人深入红叶林中去欣赏和领略秋色的美。

3.3.3.4　冬季

冬季的园林植物景观,除了常绿之外,落叶树则以其枝干姿态观形为主,但也有观花、观果者,如凌寒而开的梅花、蜡梅,以及初冬的金银木果,火棘果等,尽管这些冬景树木不如春、秋景诸多植物的形色那样丰满、艳丽,但它们所表现的形态,却往往给人们以更为难能可贵的、深层的联想与隐喻,从而引发出无限的诗情画意,要注意植物的配合和景色相融合、统一。

总之,园林植物配置和造景的理论是随着园林事业的发展而逐步形成的,并且还会继续得到充实和提高。我们不能满足于现有的传统植物种类及配置方式,应从植物分类、植物生态、植物栽培等方面加强研究,提高植物造景的科学性,力求科学合理地配置与艺术性相结合。不仅要讲求园林植物的现时景观,更要重视园林植物的季相变化及生长后期的景观效果,做到步移景异,时移景异,创造出"胜于自然"的优美景观(图 3-10)。

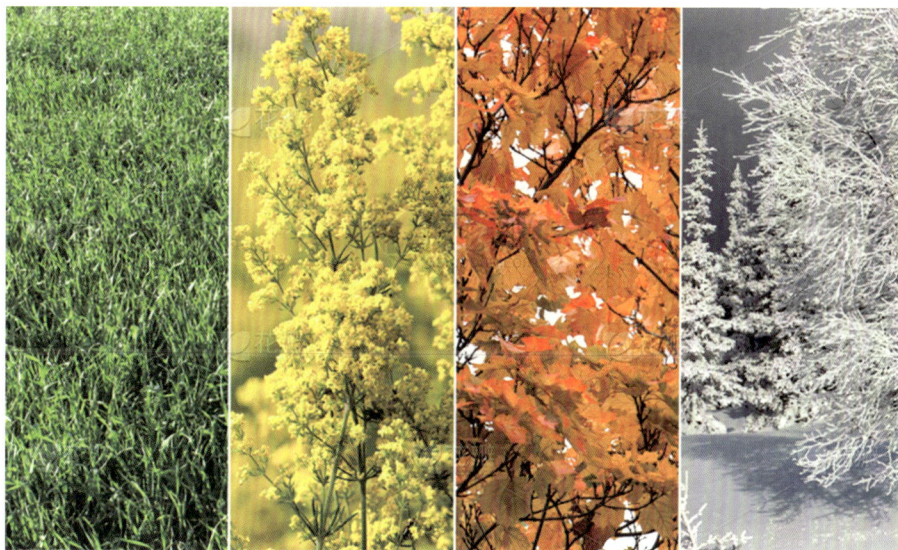

图 3-10　植物的季相特色

3.3.4　从自然及人文环境考虑园林植物配置

从自然环境来说,风景园林具有调节当地气候、环境的作用,园林中的植物既具

有观赏价值,又具有绿化的功能。因此,在景观规划设计中,应注意植物与周围环境的关系。首先,植物的选取要符合客观的自然地理条件,使其与景观达到和谐统一的效果。比如在花园的浅水区,可以将其改造成一条小溪,在小溪旁放置各种鹅卵石,再在石头周围种上五颜六色的花朵,这样的话,小溪、花朵和鹅卵石就会形成一幅美丽的画卷,给人一种古朴而又美好的感觉。其次,将植物与环境相适应,达到美化环境,净化空气,便于园艺师进行造型管理。在进行植物配置时,要注意选择适合的植株,或者对幼苗进行改造,以增加其生命周期。

从人文环境来说,随着人们生活水平和文化水平的不断提高,对居住环境质量的要求也越来越高。因此,在进行风景园林设计时,应将其与社会环境相结合,不断地丰富其文化内涵,使人与自然和谐统一(图3-11)。在我国古代诗歌文化的影响下,植物往往会被赋予特定的形象,这些形象贯穿中国古代和现代的园林之中。商业区周围的景观花园大多采用牡丹、蔷薇、水仙、芍药等,配以丁香等灌木,形成一幅富丽堂皇的画面,既能为客人提供美感,又能提升消费者的购买力。在进行周边风景园林设计时,可以根据所种植物的不同,将其设计为不同的主题花园,如一片翠竹园,在园内摆放桌椅,让游客们在不知不觉中与竹为友,修身养性。

图3-11 植物与人文景观的融合

3.4 配置原则

植物在生长过程中,离不开温度、光照、空气、水分等环境因子的制约,不同的植物对环境因子的需求也不同,为了使植物能很好地生长,在植物的选择上要因地制宜,根据本地条件来选择合适的植物,首先应考虑形体、大小、整体轮廓以及枝干、叶、花、果实等。其次,根据不同季节选择植物,达到四季景色应接不暇,具有季相变化的四季景观效果。人们对植物的观赏通常要求五官获得不同的感受,所以在选择上要注意赏姿、观色、闻香、听声等方面有特殊效果的植物,以满足不同的观赏感受。

在进行植物配置方面要多方考虑,不但要满足植物的生态要求,还需考虑能否给人带来美的感受,符合一定审美规律和要求。首先要与园林整体规划风格协调一致,景点不同,建筑物性质与功能不同,植物配置的风格也要体现出不同的特色,在此基础上物种的配置还要考虑到韵律节奏,一般在平面上注重植物的疏密和林缘线,立面上注重树木植物林冠线的变化。植物配置就像音乐要有节奏一样,张弛有度,前后呼应,并且与周围环境相协调。

另外,我国各个地区都有适应当地的特有植物,若能利用好这些丰富的植物资源,在植物配置方面上会有所突破。乡土植物适应能力强,节省费用,且突出地方特色。当然还可以种植一些对土壤要求不高,养护简单的观果类植物,如柿子树、枇杷、核桃等,或是观叶类植物如银杏、樟树、梧桐等,使观赏效益和经济效益很好地统一起来。

3.4.1 生态优先原则

滨水区是城市生命的脉络,承载着城市历史文脉,是维持城市水体循环系统正常运转,具有水土保持、涵养水源、维护生态平衡的重要功能。以生态优先为原则,遵循景观生态学生态适宜性原理,通过保护现有自然资源、尊重自然演进过程、分析不同植物生态位特征,合理地调节和改变斑块、廊道和基质的结构、组合和分布,就能促进形成物种丰富、结构复杂而稳定、可持续发展的植物群落结构,达成具多种功能效益、景观优美舒适、人与生物和谐共荣的生态环境或生态系统。

滨水绿地的生态优先原则还体现在护岸和防灾方面,除了可以改善滨水区域的自然环境,护坡植物栽植还能起到保持水土、防止水土流失的作用,这个特点有助于水体净化,辅助蓄水工程的建设。同时,滨水植物配置能够使滨水植物、水生植物都得到良好的生态环境,形成良性循环。

3.4.2 乡土适地原则

城市滨水景观的绿化设计,需要结合实际的地质情况,充分考虑当地的地形地貌特点及气候条件,选择适于当地环境、生态习性良好的树种进行种植,做到因地制宜、适地适树。乡土植物适合当地气候、土壤、温度和湿度,具有长势良好、易繁殖、养护管理成本低、快速成景等优势。在滨水绿地植物设计时,以乡土树种栽植为主,适量选用在当地生长较好的新品种或引进品种,形成植物品种多样性。设计时,根据场地

的温度、湿度、水质和土壤等条件,尽量尊重滨水空间的原始地形地貌,遵循自然规律,保留现有场地的植被资源,构建绿化生态体系,以实现生态和景观的协调和统一。在此基础上,适当引进外地树种,使得植物群落稳定性较高,并体现出水体周边独特的自然野趣景观。

3.4.3 季相突出原则

在植物配置时强调物种多样性,落叶树种与常绿树种搭配,同时速生树与慢生树相结合,营造一个稳定的滨水植物群落(图 3-12)。充分利用植物的观赏特性,如花、叶、果的外观特征,营造一个富于季相变化的滨水植物景观,达到四季有景、步移景异的效果。在植物景观色彩搭配上,应考虑植物与水面的结合,使植物景观倒映于水面上呈现出更美的景观效果,虚实对比产生更美的空间效果,使滨水景观更具有吸引力。

图 3-12 植物景观的秋季风貌

3.4.4 兼顾功能原则

滨水空间不仅仅是解决水运、防洪等使用功能的问题,还应包括改善水域生态环境,改善江河、湖泊的水质,增加滨水绿地的游憩机会和景观效果,提升滨水地区周边土地的经济价值等一系列问题。仅从某一角度出发,均会失之偏颇,造成损失,因此必须统筹兼顾,整体协调。滨水景观的规划建设必须以系统工程为指导,在满足基本使用功能的前提下,合理考虑景观、生态等需求,把滨水绿地建设成多功能兼顾的复合公共空间,以满足现代生活多样化的需求。

3.4.5　自然艺术原则

滨水植物配置设计是艺术创造过程,植物的形态、色彩和质感本身能够形成自然艺术构图,植物个体巧妙的组合搭配能够形成具有艺术性的植物群落。滨水植物配置设计时应注重植物色彩的季相变化,同时也需要满足竖向的层次感,植物群体的竖向设计应创造立面艺术性,构成优美的林冠线。在植物配置中,应合理选择不同季节特征的植物,营造四季有景可观的植物艺术氛围。滨水景观设计在植物配置时注重乔、灌和草的搭配,营造复合式植物群落,形成曲线优美的林冠线,增加整体景观的美感。

3.4.6　经济适用原则

滨水绿地景观在创造生态效益和社会效益的同时,还需要考虑经济效益,在植物的选择上遵循节约成本、方便管理的经济性原则。要根据实际的情况在园林植物的配置上尽量降低造价,节省开支,使最终的绿化建设发展水平与城市的经济实力相适应。要从适用和美观的角度考虑,把经济、适用和美观统一在一起,尽量用最少的投入,获得最大的经济效益和最佳的植物配置效果。

本研究拟通过植物种植方式、配置模块和植物筛选等方式构建具有功能化、性能化、系统化和可快速套用化的滨水绿化配置技术体系。

3.4.7　美学原则

3.4.7.1　色彩美

滨水植物的配置构图,首先要考虑色彩的调和(图 3-13)。清澈泛绿的水色是调和岸边绿树、花木、建筑以及水中蓝天、白云等各种景物的底色,并对花草树木的四季色彩变化,具有衬托作用。如云南丽江黑龙潭湖岸种植耐湿高大的乔木,水际边散植紫红色的水丁香等水生植物,而树叶的颜色随着季相的变化表现深浅不一,与水面的倒影亦协调自然,还有西方水景园常在池岸种落新妇等耐湿花卉,衬托水中的睡莲,亦具有很好的效果(引自《植物造景》)。

植物的色彩可被看作是环境情感的象征。色彩直接影响着一个空间的气氛和情感,鲜艳的色彩给人以轻快、欢乐的气氛,而深暗的色彩给人以冷清、抑郁的气氛。落羽杉、池杉、水杉、水松及三角枫、枫香、椴树等,这些植物在春天呈现新绿、夏天变深绿、秋天换红装或橙黄、冬天待树叶脱光后,一场鹅毛大雪,又变成了银装素裹。水边植物的配置要注意与水体的流动特征和透明的色泽协调起来,才能在构图上合理。在进行滨水植物色彩设计时应注意以下两点:

图 3-13　滨水植物色彩美

（1）冷色与暖色的运用

若园林中的水景布置成开放、热闹的场景时，应用暖色系的植物点缀，以起到烘托和引人注目的效果。若需要创造幽静的氛围时，水体旁宜选用植物色调偏冷的，如墨绿色、暗绿、紫红等，冷色调的植物在感觉上缩小了实际空间，给人以宁静的感觉。

（2）前景与背景

在将各种色度的绿色进行组合时，浅色植物使构图明亮、轻快，深色植物使构图稳重。深色植物可以作为浅色或鲜艳色彩植物的背景，既可互相衬托，使前景物突出，又可显示出水体边缘植物丰富的层次感。

3.4.7.2　线条美

平直的水面应充分利用植物的形态和线条构图，来丰富水体空间层次。如种植在水边的垂柳（*Salix babylonica*），形成柔条拂水的线性轮廓；高耸向上的水杉、落羽杉、水松等与水平面在空间上构成对比线形；挺拔向上的落羽杉，刚劲有力，使空间充满力度感；形态飘逸的大王椰子树（*Roystonea regia*），植于水边，形成一幅洒脱的画面；枝条探向水面的植物，或平伸，或斜展，或拱曲，在水面上均可形成优美的线条。还有岸边种柳植竹是我国传统滨水种植手法，垂柳的柔软枝条，竹的洒脱枝叶，都表现出那特有的线条美。西方水景园中，岸边种植丰富的乡土树种和花卉，不仅表现优雅的形态和线条，同时与驳岸结合十分得体。

水面是一个形体与色彩都很简单的平面，从建立优美的滨水绿带景观出发，沿岸的植物景观应在统一中求变化。协调的滨水绿带一般宜以风景林为主，通过疏密不同的风景林地构成滨水绿带骨架，再以开敞植被带和局部的湿地景观穿插于绿带之中,形成连续的动态观赏序列。在平面上,林带的边缘线一般不宜与水岸线平行,可采用进退有序的变化曲线,一方面增添水岸空间与景观的变化,另一方面变化的曲线使滨水植物成为一条蜿蜒曲折的绿色走廊,沿水岸线纵向欣赏时,增加了景观层次,尤其是对于平直的水体岸线,弯曲的林缘线弥补了岸线呆板无变化的缺陷,增添了水岸风景的魅力。

利用具有不同外貌形态的植物群落,在风格一致的基础上,达到"变化中求统一,统一中有变化"的配置方式,是滨水植物线条设计时最重要的问题。自然式的水体,无论水面大小,滨水植物与水边的距离一般要求有远有近,有疏有密,切忌沿边线等距栽植,避免单调呆板的行道树形式。高耸向上的树型配置在水体边缘宜群植,连续的林冠线与开展的水平面相互协调,垂直与水平相对比,达到对比中有统一。

在滨水空间植物配置中可利用地形或植物种类、年龄、配置方式的变化来加强植物群落林冠线的变化。当水边种植单一同龄的水杉林时,宜采用异龄林,或有意将地形处理成高低有节奏的起伏,使林冠线打破平直而富于变化,既显出针叶树的尖削高耸,也有一定的韵律感。杭州植物园水边的植物景观,根据植物的耐水湿的强弱性,离水的距离由近到远分别布置水松、北美落羽松、池杉、墨西哥落羽杉。这样栽植既符合生态习性要求,又符合艺术上的统一、变化效果:树形一致,均为高耸的圆锥形,外轮廓线协调统一;色彩上却有对比,夏季其绿色度各异,而秋色叶更为不同。如再将这些同形体的树种,选择异龄植株栽植,则会产生高低错落的变化,避免了高度上的统一,使林冠线更加优美。

3.4.7.3 意境美

中国园林中,水景常构成一种独特的、耐人寻味的意境。当植物在外形特征上协调组合时,再结合地形地势,考虑植物的人文内涵,则有利于创造出特别的空间氛围和表达特殊的人文意境,使景观的营建变得更具有深意。"夹岸复连沙,枝枝摇浪花,月明浑似雪,无处认渔家。"茫茫芦花,阵阵涟漪,浑似白雪,水天一色,秋色美景,意境深邃;水岸点缀的梅花形成"疏影横斜水清浅,暗香浮动月黄昏"的雅致意境;大片的梅花林植具有"香雪海"的氛围,与水滨环境协调则更能突出梅的傲然;枫香(*Liquidambar formosana*)热烈,是秋景的象征,体现浪漫,而在水边孤植则能突出温柔和恬静;西湖胜景"柳浪闻莺",沿湖垂柳成荫,微风吹来,柳丝婆娑,碧浪翻空,莺歌呖呖,使人流连忘返;柳树与芦苇生态要求相近,是富有诗意的组合,柳枝在风中摇曳,春季吐出柳絮,芦苇荡里常躲着大量的鸟类和水禽,秋季散放芦花,每到春秋两季,水面铺上白茫茫一片如烟似雾。一个是"千丝万絮惹春风",一个是"枉随红叶舞秋声",历来是引起诗兴的美景(引自《水生植物造景艺术》)。观花植物栽植在流动的水边如溪流,花瓣飘落在水中,形成"落花流水"的意境。静止的水面落入花瓣,不但

没有"落花流水"的意境,而且会遮挡了水中倒影,还会污染水体。较小的水面不宜采用过多的树种,处理不当,景观就会显得杂乱。利用植物的形态特征和象征意义,可营造出特殊的空间气氛。柔枝拂水的垂柳,轻盈婀娜,适宜表现江南园林的秀美。挺拔向上的落羽杉,刚劲有力,使空间充满力度感。潇洒飘逸的大王椰子树,亭亭玉立于水边,形成一幅恬静的画面[9]。

3.4.8 尊重现状原则

树木是活的生物,树龄越大景观效果越好,其久远的效果是用技术手段或其他素材所弥补不了的。当地已存在的植物是经过长期的自然选择后,对本地区有着高度的生态适应性,多是乡土植物的代表。此类树木不仅有文化底蕴深厚、生态适应性强、管理方便等优点,也有利于增加本地区的生物多样性。

当地环境中已有的古树和名木,它们不仅仅是历史环境变迁的一种见证,更是体现地域环境特征的要素之一,能够很好地适应当地生态环境,突出地方特色。这类植物应采用标本式种植加以保护和强化[10]。

3.5 本章小结

本章论述了本书研究的地理区域——长江中下游的滨水条件,包含自然地理、区域划分、自然资源、水系情况等,涉及长江及其支流、流域内的湖泊。多种类型的滨水条件为滨水植物景观的植物选择、植物配置方式等提供了多样化的选择。然后,本章从滨水相关的规范、导则和技术指南等方面提出了滨水植物配置的依据。从生长习性、观赏特性、观赏季节以及自然和人文环境等方面考虑配置的要求,提出了生态优先原则、乡土适地原则、季相突出原则、兼顾功能原则、自然艺术原则、经济适用原则、美学原则以及尊重现状原则等8项原则。本章从以上多方面、多角度进行了论述,以期作为滨水植物配置的理论性依据。

第4章 种植方式研究

4.1 种植方式分类

在滨水空间景观的绿化构图之中,"点、线、面"是构成整个画面的最基本构图元素。在滨水区景观的植物配置上,指的是植物群体组合后的形状造型。景观中点、线、面的组合,给整个场景带来了很强的节奏感和韵律感,这样的滨水绿化配置在丰富植物空间感会带来丰富的视觉效果。在确定研究尺度的基础上结合空间的基本形态与植物景观特点,尝试从空间角度将被调查的实例分为以下三类。

4.1.1 点状独立式植物造景

4.1.1.1 种植原则

点在几何空间中的表现形式一般为圆形,但在一定条件下,正方形、三角形、多边形以及其他不定形体都可视作点。它与周围参照物相比,是相对较小的部分,带有明显区别于其他部分的特征和独立存在的倾向。点在空间中具有实体性。在空间中设置一个点就会建立起与点相关的结构关系;点造成视觉集中周围的元素都存在着被吸引的趋势;同时,点具有向外扩张的倾向,表现为对周围空间的辐射力。点的向心和辐射的特性使我们感受到点的周围存在着"引力场",占据了一定的空间。

基于点的空间特性和尺度限制把植物造景中具有相对独立特性、可作为局部空间主景、面积在 $500m^2$ 以下的实例作为一类,即点状独立式植物造景。对于此类案例面积的界定一般以植物的投影范围为准,面积计算则采用实测特征数据与几何面积分割填补法,单位 m,取整数。

4.1.1.2 种植形式

(1)孤植树

孤植树(图 4-1)指的是设计中自成一景的主景树、观赏树,多为点状种植,往往对植物的造型形状、规格等要求较严格。孤植树的设计必须有较为开阔的空间环境,既保证树木本身有足够的自由生长空间,而且也要有比较适宜的观赏视距与观赏空间,人们可以从多个位置和角度去观赏孤植树。孤植主要表现树木的个体美,包括树冠、颜色、姿态等,一般株形高大,树冠开展,树姿优美,叶色丰富,开花繁茂,香味浓郁。孤植树的构图位置应突出,常配置于大草坪、林中空旷地。在古典园林中,假山旁、池边、道路转弯处也常配置孤植树,力求与周围环境相调和。

此外,要充分利用原有大树,特别是一些古树名木作为孤植树来造景。一方面是为了保护古树名木和植物资源,使之成为园林景观空间重要的绿色景观而受到保护;另一方面,古树名木本身具有很高的不可替代的观赏价值和历史意义。

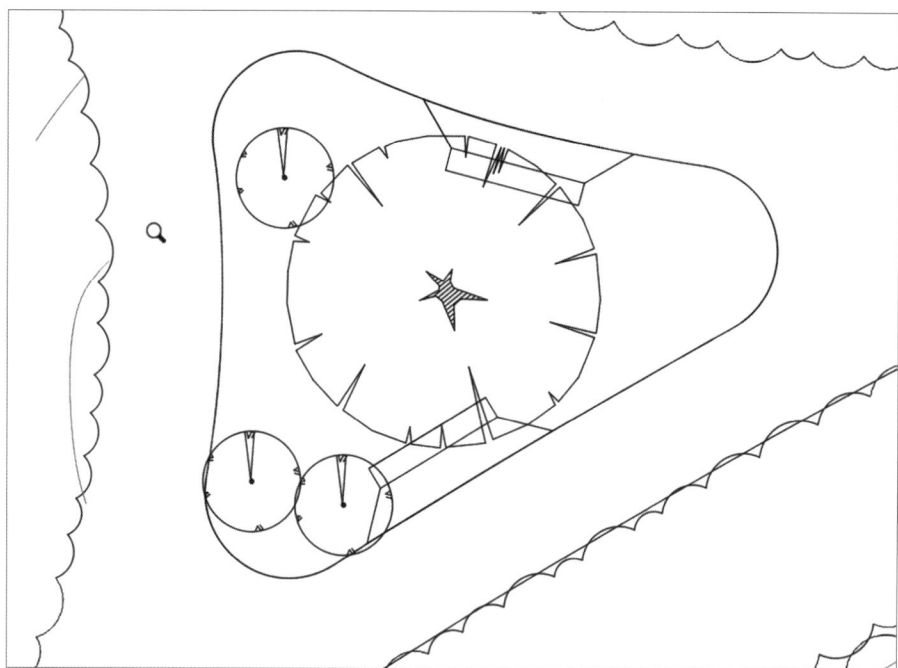

图 4-1　孤植树平面布局图

滨水空间选用的孤植树在满足以上要求之外,还应具有较好的耐水湿乔木,如乌桕、垂柳、枫杨、丝棉木等,并充分利用现有大树。

孤植树在环境中是相对独立成景,并非完全孤立,它与周围环境景物具有内在的联系,无论在体量、姿态、色彩、方向等方面,与环境其他景物既有对比,又有联系,共同统一于整个绿地构图之中。孤植树设计的具体环境位置,除草坪、广场、湖畔等开阔空间外,还可布置于桥头、岛屿、斜坡、园路尽端或转弯处、岩洞口、建筑旁等。自然式绿地中构图力求自然活泼,在与环境取得协调均衡的同时,避免使树木处于绿地空间的正中位置。孤植树(图 4-2)也可设计应用于整形花坛、树坛、交通广场、建筑前庭等规则式绿地环境中,树冠要求丰满、完整、高大,具有宏伟的气势。有时也可将树冠修剪成一定造型,进一步强调主景效果。

图 4-2 孤植树

(2)对植树

两株或两丛相同或相似的树,按照一定的轴线关系,使其互相呼应的种植形式,称之为对植,因此,对植树是由两个相互呼应的"点"组成。

对植树常用于园门、建筑入口、桥头、假山登道等视觉突然收窄的空间。树种一般选择整齐优美、生长缓慢的树种。在自然式栽植中,也可以用两个树丛形成对植,这时选择的树种和组成要比较近似,栽植时注意避免呆板的绝对对称,但又必须形成对应,给人以均衡的感觉。对植树可采用两棵同种树种形成对景,如两棵朴树;也可由具有相似特性的树成组,如龙爪枣和龙爪槐。滨水空间中对植树应用较少,一般用于场地入口、滨水建筑两侧等处。

(3)组团小景

植物组团小景是由不同种类、不同高度、不同颜色的植物,经过合理的搭配形成的有层次的植物群组,具有凝聚视线的作用。广义来说,植物组团小景也是一个"点"

状空间。

　　植物组团小景一般有一株或多株主景树作为焦点树,可以是特选大树,也可以是造型树,搭配一些不同品种、树形、色彩的植物,组成一个局部的植物景观。在种植结构上,大致分为上层结构、中层结构、下层结构和地被植物等多层结构。这种植物组团方式已经在工程上有很多案例,滨水空间植物造景中,常用植物组团小景作为滨水草坪中的一处视觉焦点,或者主入口位置的点景组团(图 4-3、图 4-4)。

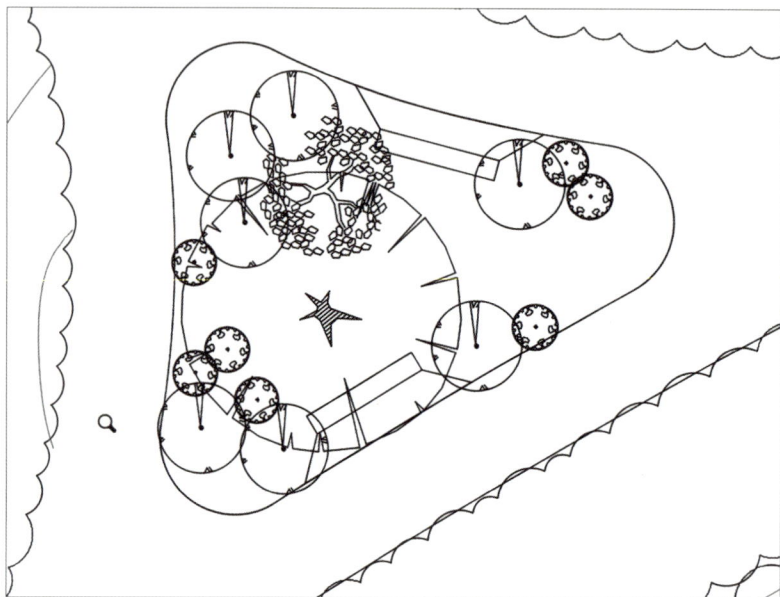

图 4-3　植物组团小景平面布局

图 4-4　植物组团小景

4.1.2　线状序列式植物造景

4.1.2.1　种植原则

从线的定义看,它是点移动的轨迹,是点与点之间的连接。在几何学里,线无粗细,但在空间中,线具有粗细宽窄和长度,长度是线的主要特征。线状空间是指由线(直线或曲线)界定的空间,即具有线状性质的空间。它具有视觉上的连续性和序列性。在本研究中把具有明显线状性质,长度为其宽度3倍以上的植物造景实例归为一类。对于此类案例面积的界定一般以明显的界线为准(如建筑、道路、水系等),面积测算采用长度×平均宽度的计算方法,单位m,取整数。

4.1.2.2　种植形式

城市"线"状绿地有效连接各"点"状绿地,或者说是"点"状绿地有机串联成"线"状绿地,是滨水绿地系统的重要组成部分。通常情况下,它具有为人们提供遮阴等功能作用。线性空间可以分为直线型空间和曲线型空间。

(1)线性空间种植方式

线性空间种植方式(图4-5)具有明显的空间序列感,明确人行通向与交通。焦点向轴线集中,常用于道路、房屋和建筑前、广场入口等。用于强调轴线关系,突出景观结构,常见类型包括列植、树阵、行道树等。

图4-5　线性空间植物布局

列植,通常种植于主要干道两旁,形成引导的作用,同时突出主要轴线道路。树阵(图4-6),园林绿化工程中按一定秩序规则种植苗木的一种绿化形式,可以营造出林荫、舒适的环境气氛。行道树(图4-7),指种在道路两旁及分车带,给车辆和行人遮阴并构成道路景观的树种,可依据道路形式,分为直线型和曲线型分布。

图 4-6 树阵 　　　　　　　　　　　图 4-7 行道树

列植、树阵和行道树景观对苗木的质量要求较高,具体要点如下:

1)植物品种选择

首先应该是生长势稳定、树形端正的品种。树种应是无刺,花、果、叶无毒,落叶、落花、落果不污染路面。树种最好是选用有中央领导枝的品种,如水杉、中山杉、马褂木、国槐、栾树、白蜡、新疆杨等。

2)树形标准要求

树干挺拔、树形端正、冠形整齐,为了不影响树阵下行人行走,树种分枝点应不小于 2.2m。为保障冠幅相似性,雌雄异株的苗木,必须选择同性苗木,一般以雄性苗木为佳。由于多是同品种规则式组团种植,易发生病虫害交叉感染,所以对配置苗木的病虫害检验和防治要更为严格。

3)植物株距要求

如果株行距过小,由于缺少阳光,会造成许多树枝枯死,病虫害滋生,树皮发生霉变。苗木的株行距必须满足苗木的生存和生长空间。树阵内的行距应该大于株距,布阵方向尽量采取南北向,有利于透风、透光。

4)其他要求

除树阵之外,其他类型下层可搭配丛生小乔木、绿篱色块及花卉,强化引导作用,突出氛围感;道路两侧地形适宜营造隆起的微地形,形成绿荫夹道之感。

(2)拟线性空间种植方式

拟线性空间包含河道、溪流等线性水系两侧带状绿地,旱溪等拟线性水系空间绿地,带状分布的林带、模纹、花带等也呈现线性空间形态。

1)河道、溪流等水系带状绿地

河道、溪流等线性水系两侧绿地常因种植空间形态的特异性,植物也呈现线性空间排列方式(图 4-8)。该植物空间以连续性排列的乔木为骨架,搭配灌木、草本地被等植物种类,形成绿量丰富的线性植物空间。

图 4-8　河道、溪流等水系两侧线性绿地

2）林带

在很多基地条件比较宽阔的线性空间中,通过树木成林、成片栽植的表现形式,平面上呈规则线形或不规则带状蜿蜒(图 4-9)。林带包含具有防浪固岸、防风固沙等防护作用的防护林带。

图 4-9　滨水林带

3）旱溪、花带

旱溪基本是线性空间排布,在平面上曲折蜿蜒。旱溪就是不放水的溪床,人工仿造自然界中干涸的河床,配合植物的营造在意境上表达出溪水的景观。在旱溪景观

中,以砂砾卵石等拟态水景,虽无水却胜有水。在雨季,也可以盛水,若雨季雨量丰沛时填充旱溪,则可欣赏到涓涓溪流,无水之时,依然可以欣赏到天然原石景观和溪水意境,因此水旱两便。

旱溪(图4-10)需铺设鹅卵石进行覆盖,覆盖之后,在整个旱溪的两侧局部加上点景石,让旱溪更加自然,一般选择大一点的石头,原理和驳岸差不多。旱溪的植物选择应该结合气候位置来考虑,要求具有耐水湿又比较耐旱的植物种类,以宿根草花和观赏草等草本植物为主,如细叶芒、矮蒲苇、柳叶马鞭草、美丽月见草和大花金鸡菊等;也可搭配木本灌木,如花叶杞柳、云南黄馨、迷迭香、穗花牡荆等。

图 4-10　旱溪

花带及带状分布的花境(图4-11)也是呈现线性空间分布,滨水花带和带状花境以较为耐水湿的自播繁衍的宿根花卉和观赏草为主,花开时节,花团锦簇、姹紫嫣红的带状绿地将成为视觉焦点。

图 4-11　带状花境

4.1.3　面状组合式植物造景

4.1.3.1　种植原则

在平面上线的移动、线的集合可以成为面;在空间中,面常作为界面的形式出现,共同构成整体,如空间的界定可以由底平面、垂直面、顶平面相互组合或共同完成。面可以分解为点和线,但面作为一个组合体出现时,更强调要素间的互相配合,强调系统性,是整体大于部分之和的效果。故在本研究中,把整体性较强、具有明显组合变化、相对面积较大的植物造景实例作为同类进行研究。对于此类案例界定一般以道路的围合或其他明显的界线为准(如水系范围等),可以根据测绘结果准确绘制的案例,它的面积采用 AutoCAD 自带的面积计算法,单位 m²,取整数。

同时,考虑到长江中下游滨水空间地形、地势变化丰富,其场地空间大体由长江流域滨水区域和水体外受其影响的陆地区域组成。故又根据周围环境条件的差异,以是否滨水为条件分为两类:

(1)滨水区

滨水区泛指水域与陆地相连接的一定区域。在本研究中,凡有水体作为调查的范围界线的,即归于此类。一般表现为植物景观的单面或多面直接临水。

(2)陆地(非滨水)区

陆地(非滨水)区指边界由除水体外其他要素(如道路、建筑等)进行围合的案例,在本研究中归为一类进行分析。

鉴于以上的分类标准,经组合后,将本研究中植物造景的案例共分为 3 大类 6 小类,3 大类指的是点状空间种植方式、线状空间种植方式、面状空间种植方式;6 小类指的是滨水区点状空间种植方式、陆地区点状空间种植方式、滨水区线状空间种植方式、陆地区线状空间种植方式、滨水区面状空间种植方式、陆地区面状空间种植方式。

4.1.3.2　种植形式

(1)规则面状空间种植方式

规则面状空间(图 4-12、图 4-13)强调整齐、对称和均衡,它有明显而规则的边界。植物的配置呈有规律、有节奏的变化,组成一定的几何图案或色带色块,强调成行等距离排列或做有规律的简单重复,仅在视线焦点区域进行精细化处理,可以运用园路、景墙以区划和组织空间。就像建筑中的通道、门、墙、窗,引导游人进出和穿越一个个空间。如植物改变顶平面,同时有选择性地引导和组织空间的视线,就能有效地缩小空间和放大空间。空间的节奏需在设计时进行控制,如曲径通幽、柳暗花明等。

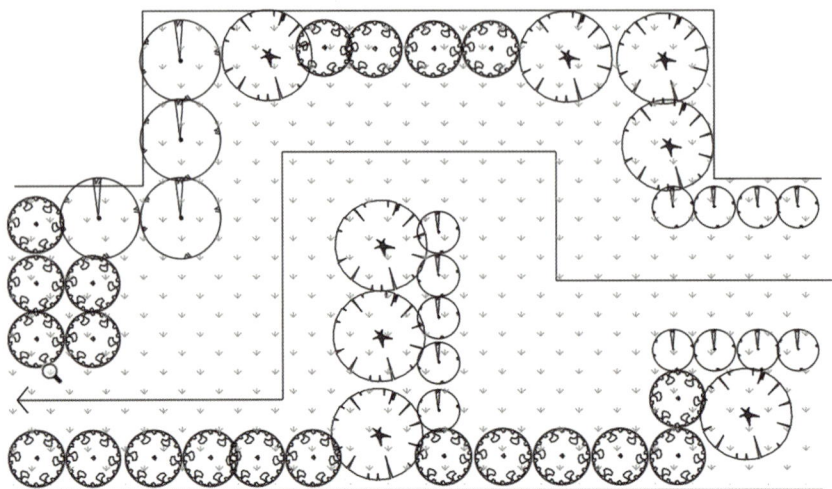

图 4-12　规则面状空间布局

图 4-13　规则面状空间

（2）自然面状空间种植方式

自然式构图（图 4-14、图 4-15）的特点是"师法自然"，依附城市的自然脉络——水系和山体。通过开放空间系统的设计将自然引入城市。它没有明显的主轴线，边界曲折蜿蜒。其曲线无轨迹可循，造型自由流畅。自然式景观变化丰富，意境深邃、委婉。

植物的配置不成行列式，没有固定的株行距，充分发挥树木自由生长的姿态，不强求造型，着重反映植物自然群落之美。组织空间则以自然的树形、树群来进行。注意植物的色彩和季节的变化，花卉布置以花叶、花群、花坛为主。在充分掌握植物的生物学特性的基础上,不同品种的植物配置在一起,以自然界植物生态群落为蓝本,构成生动活泼的自然景观。

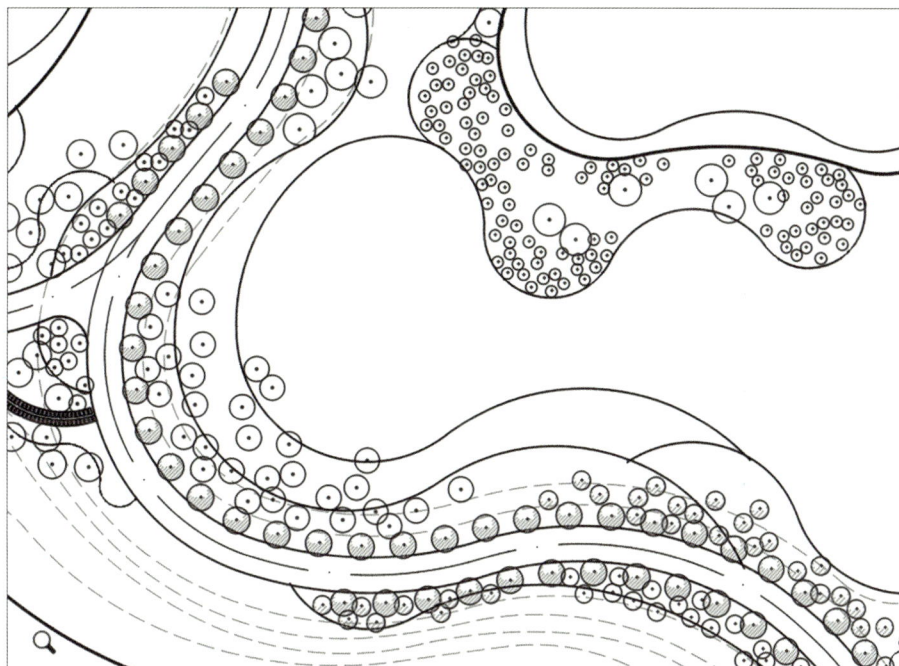

图 4-14 自然面状空间布局

图 4-15 自然面状空间

4.2 点状空间种植方式

"点"状绿地也通常被称作块状绿地,是城市绿地系统的基本组成部分。点状种植空间可以是树形优美的孤植树,也可以是一处紧凑集中的植物组团。

"点"状绿地因其小而能够更加灵活运用,能够做到见缝插绿、均匀分布。根据现状条件,"点"状绿地在内容和形式上应各具特色,与建筑、道路、人的活动等相呼应,共同塑造有魅力的滨水环境空间。它也是整个绿地空间中的一个功能节点,与"线"和"面"形态的绿地共同构成绿地系统的整体。

在这一类植物景观的营造过程中,体现点固有的"引力场",即其向心性与辐射性至关重要。反映在视觉上,表现为对视线的束缚力;反映在结构上,体现为紧密性;在处理与其他要素的关系上,则具有一定的统率性。

4.2.1 滨水

水体在该类景观的营造中充当近景和场景的角色。水面开敞、视线通透、人类亲水的天性可以自然吸引游人到达水际。对滨水景观的观赏视线有垂直视线(即视线与岸线垂直)、平行视线(即视线与岸线平行)、鸟瞰视线。在本类研究中,主要考虑垂直视线和平行视线。在对岸观赏时,视线垂直于岸线,适当的水面宽度可成为良好的观赏视距,其对景必然成为观赏的焦点,精心配置的植物可以在这类情况下成为主景;水边的半岛由于突出水面,不仅可以从对岸欣赏,也可以从水中(桥上)、同一侧岸边观赏,即视线与岸线近平行或成锐角,人类的视觉对于差异性的感知较为敏感,故半岛式植物景观也应强化处理。相对于水面体量较小的植物景观即为点状景观。

4.2.1.1 案例1(DS-1)

地点:太子湾公园

面积:约120m²

案例1植物汇总见表4-1。

表4-1　　　　　　　　　　　案例1植物汇总

植物种类	学名	科	属	数量	生活型	类型	形态	胸径/cm	冠幅/m	高度/m
鸡爪槭	*Acer Palmatum*	槭树科	槭树属	8	乔木	落叶	单干、多干	9.3	4.2	3.6
红枫	*Acer palmatum*	槭树科	槭树属	5	乔木	落叶	单干、多干	5.5	2.1	2.3
野蔷薇	*Rosa multiflora*	蔷薇科	蔷薇属	1	灌木	落叶	丛生	—	2.0	1.6

续表

植物种类	学名	科	属	数量	生活型	类型	形态	胸径/cm	冠幅/m	高度/m
二月兰	*Orychophragmus violaceus*	十字花科	诸葛菜属	60%	草本	冬绿夏枯	丛生	—	—	—
黄菖蒲	*Iris pseudacorus*	鸢尾科	鸢尾属	20%	草本	落叶	丛生	—	—	—

该组植物景观以其紧密的结构、丰富的色彩变化从周围的环境中自然分离出来，成为关注的焦点。

该处水面最大跨度约14m,观赏视距在主体景观高度的4倍之内变化,既具有1倍高度左右的近距离细部观赏尺度,又具有全景尺度(图4-16)。

在树种选择上,以鸡爪槭和红枫为主要材料。8株鸡爪槭以3m左右的平均间距集中配置,5株红枫沿林缘线不等距点缀,两者树形相似、体量相当,形成以鸡爪槭为中心,结构紧凑,整体性强的植物景观。在色彩配置上,以绿色为基调,不同时节分别以红枫的色叶、二

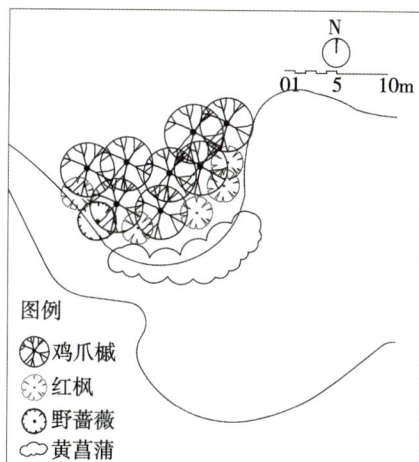

图4-16 案例1植物配置平面图

月蓝的蓝紫色花序、野蔷薇的粉色小花等进行点缀,水面的倒影统一并强化了局部色彩。需要指出的是该组植物借南山路上的水杉、池杉林为背景,约15m的高差使高下层次明显;树形的对比,形成了以水杉为主体的竖向线条和鸡爪槭等构成的片层状水平线条间的对比,增加了层次与变化。由于水杉林距离较远,在视觉感知上趋于淡化,通过对比使前景突出、构图均衡。虽然在该处或为无意之作,但其成功的经验值得借鉴。

4.2.1.2 案例2(DS-2)

地点:花港观鱼红鱼池景区

面积:约170m²

案例2植物汇总见表4-2。

表 4-2 案例 2 植物汇总

植物种类	学名	科	属	数量	生活型	类型	形态	胸径/cm	冠幅/m	高度/m
黑松	*Pinus thunbergii*	松科	松属	3株	乔木	常绿	单干	32.0	8.8	7.6
白皮松	*Pinus bungeana*	松科	松属	1株	乔木	常绿	单干	20.2	5.4	3.1
鸡爪槭	*Acer Palmatum*	槭树科	槭树属	6株	乔木	落叶	单干、多干	11.3	4.5	2.4
红枫	*Acer palmatum*	槭树科	槭树属	2株	乔木	落叶	单干、多干	9.1	3.3	2.7
梅花	*Prunus mume*	蔷薇科	梅属	1株	乔木	落叶	多干	6.0	1.5	1.4
枸骨	*Ilex cornuta*	冬青科	冬青属	1株	灌木	常绿	多干	15.0	2.5	2.1
紫藤	*Wisteria sinensis*	豆科	紫藤属	3株	藤本	落叶	丛生	—	2.0	1.6
中华常春藤	*Hedera nepalensis var*	五加科	常春藤属	10%	藤本	常绿	丛生	—	—	—
扶芳藤	*Euonymus fortunei*（Turcz.）	卫矛科	卫矛属	10%	藤本	常绿	丛生	—	—	—
薜荔	*Ficus pumila*	桑科	榕属	10%	藤本	常绿	丛生	—	—	—
络石	*Trachelospermum jasminoides*	夹竹桃科	络石属	10%	藤本	常绿	丛生	—	—	—
红花酢浆草	*Oxalis corymbosa*	酢浆草科	酢浆草属	10%	草本	常绿	丛生	—	—	—
石蒜	*Lycoris radiata*	石蒜科	石蒜属	10%	草本	落叶	丛生	—	—	—
沿阶草	*Ophiopogon bodinieri*	百合科	沿阶草属	10%	草本	常绿	丛生	—	—	—
黄菖蒲	*Iris pseudacorus*	鸢尾科	鸢尾属	20%	草本	落叶	丛生	—	—	—

该组植物三面临水，为自然土石小岛上的植物景观（图 4-17）。主要材料的选择重姿态、重风骨、模拟自然或堰伏或自然漂临水面，颇为入画，而丰富的藤蔓类植物则使该组景观似有更悠远的历史韵味。季相经营上的恰到好处使其变化丰富但绝不艳俗。青松红梅，傲对寒冬；嫩绿新红，脉脉迎春；苍藤石木，郁郁葱葱；几树丹枫，占尽风华。

景随时异的同时，步移景异的动观路线也处理得较好。在不同的观赏视距和观赏角度，其主体景观略有差异。于正南方隔水眺望，水面宽度约16m，为黑松高度的2倍左右，正面临水的鸡爪槭、紫藤和最高的黑松可清晰识别，枝叶、色彩、形态等历历

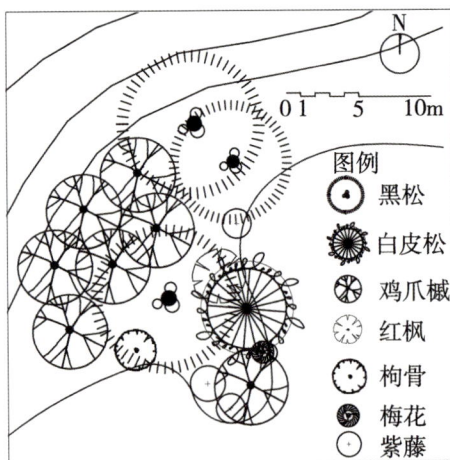

图 4-17 案例 2 植物配置平面图

在目,黑松与鸡爪槭等4m多的高差与数量上的对比,使层次亦清晰可辨。在对岸循岸线而行,至红鱼池曲桥上,自东边西望,36m以上的间距则对细部的枝叶已无法准确辨别,但对色彩和形态、轮廓等仍有很好的可见性,东面临水的鸡爪槭、红枫、红梅等在观赏期内对视线具有强烈的聚焦作用。过桥后随着渐行渐近,则白皮松斑驳的树皮、槭树类掌形的叶子、略带红色的翅果等近景先后成为观赏的焦点,观景范围从全景式趋向近景式,观景内容从整体趋向个体。

4.2.1.3 案例3(DS-3)

地点:植物园分类园

面积:约115m²

案例3植物汇总见表4-3。

表4-3 　　　　　　　　　　　案例3植物汇总

植物种类	学名	科	属	数量	生活型	类型	形态	胸径/cm	冠幅/m	高度/m
黄松	*Podocarpus imbricatus*	松科	松属	1株	乔木	常绿	单干	20.6	6.4	5.6
马尾松	*Pinus massoniana*	松科	松属	1株	乔木	常绿	单干	33.6	7.9	11.4
黑松	*Pinus thunbergii*	松科	松属	1株	乔木	常绿	单干	44.1	8.8	8.7
日本五针松	*Pinus parviflora*	松科	松属	1株	乔木	常绿	多干	—	3.3	2.3
羽毛枫	*Acer palmatum var. dissectum*	槭树科	槭树属	2株	乔木	落叶	单干	11.0	1.8	1.3
沿阶草	*Ophiopogon bodinieri*	百合科	沿阶草属	20%	草本	常绿	丛生	—	—	—

该组植物位于植物园分类园裸子植物区水池边,故其植物配置主要反映该区的主题特征,以4种松科松属的植物材料为主体(图4-18)。同属植物一起配置,易形成相对统一的外貌,但由于都为常绿,缺乏季相变化。故又种植2株红羽毛枫于临路一侧,增加了小岛入口的变化,体量和数量上的对比,对主题不具有干扰性。马尾松、黑松、黄松、日本五针松都较不耐水湿,故栽植位置都适当堆

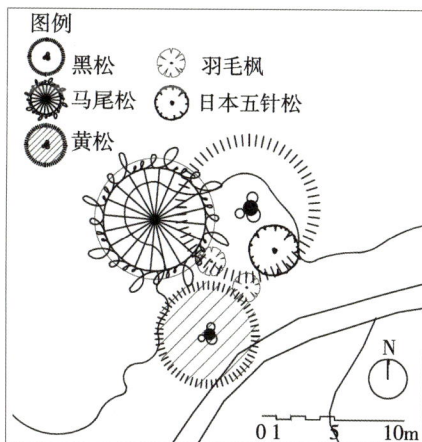

图4-18 案例3植物配置平面图

高,以湖石驳岸砌筑,既创造了适宜的生境又类似自然界的悬崖断壁。而地下水位的限制,使该组植物景观能保持长期的稳定,并在体量上与小岛、水池等保持相对协调。以马尾松为例,在自然情况下 40 年生高可达 25～29m,胸径约 35cm,而该处明显在高度上较低,这与马尾松根系深广,而滨水环境地下水位偏高的情况有关。今后在设计中还可以更好地利用植物对环境的适应能力,创造更自然的景观。比如马尾松为速生、先锋树种,在土层较浅处生长的,干形常弯曲而树冠呈水平伞状,在此处如果针对植物的这一特点创造生境,或许会形成更具有自然之趣的植物景观。总体而言该组植物景观反映一定的主题,模拟自然景观,体现了较为恒定的效果。

4.2.1.4 案例 4(DS-4)

地点:植物园山水园

面积:约 170m^2

案例 4 植物汇总见表 4-4。

表 4-4   案例 4 植物汇总

植物种类	学名	科	属	数量	生活型	类型	形态	胸径/cm	冠幅/m	高度/m
朴树	*Celtis sinensis*	榆科	朴属	1株	乔木	落叶	单干	49.5	12.5	14.2
美人茶	*Camellia hiemalis*	山茶科	山茶属	3株	乔木	常绿	单干、多干	26.1	6.7	4.9
桂花	*Osmanthus sp.*	木樨科	木樨属	2株	乔木	常绿	多干	—	5.7	3.9
樱花	*Prunus subg.*	蔷薇科	梅属	1株	乔木	落叶	单干	15.6	4.5	3.2
紫藤	*Wisteria sinensis*	豆科	紫藤属	3株	藤本	落叶	丛生	—	2.0	1.6
火棘球形	*Pyracantha fortuneana*	蔷薇科	火棘属	6株	灌木	常绿	丛生	—	1.4	1.4
云南黄素馨	*Jasminum mesnyi*	木樨科	茉莉属	1株	灌木	常绿	丛生	—	1.5	1.0
吉祥草	*Reineckea carnea*	百合科	吉祥草属	70%	草本	常绿	丛生	—	—	0.2

该组景观(图 4-19)的突出特色在于隔水观望时,前景、中景、背景层次清晰,季相特色分明。约 16m 的水面宽度,对樱花、紫藤等具有较强的近景渲染力,朴树清晰可辨的枝干是适宜的中景,美人茶、桂花等常绿小乔木形成恒定的深色背景,丰富清晰的层次使 6～8m 的实际距离得以延伸。仲春,晚樱斜出水面,姿态潇洒,粉色繁花在绿色的背景前格外突出;初夏,紫藤花开,茂密而繁盛;秋天,金桂飘香,朴树淡淡的秋叶显露最后的灿烂;洗尽铅华后,依然有桂花和山茶的浓绿。

目前,在竖向上,该组植物基本形成以朴树为高层,桂花、美人茶、樱花为中层,其他花灌木、地被为下层的格局,结构清晰。今后,随着植物个体的生长,自然生长的桂花、美人茶的高度一般为 3～10m,朴树高可达 20m,故中上层的高差至少在 10m 左右,结构的稳定性较强,景观效果还将趋于更佳。

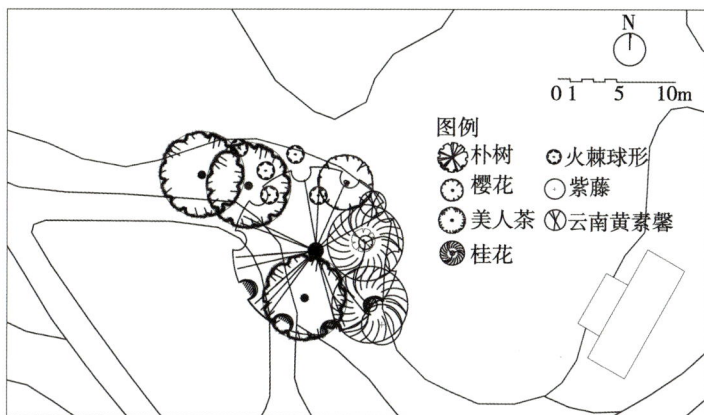

图 4-19　案例 4 植物配置平面图

4. 2. 1. 5　案例 5(DS-5)

地点:花港观鱼

面积:约 190m²

案例 5 植物汇总见表 4-5。

表 4-5　　　　　　　　　案例 5 植物汇总

植物种类	学名	科	属	数量	生活型	类型	形态	胸径/cm	冠幅/m	高度/m
枫杨	*Pterocarya stenoptera*	胡桃科	枫杨属	2株	乔木	落叶	单干	50.5	13.6	20.4
长柱小檗	*Berberis lempergiana*	小檗科	小檗属	15株	灌木	常绿	丛生	—	1.2	1.5
中华常春藤	*Hedera nepalensisvar*	五加科	常春藤属	20%	藤本	常绿	丛生	—	—	—
沿阶草	*Ophiopogon bodinieri*	百合科	沿阶草属	20%	草本	常绿	丛生	—	—	—

该组植物位于水体一隅,小路的交会处,在位置上自然成为视线的焦点(图 4-20)。枫杨为本地乡土树种,早期生长快,树体高大,耐湿能力强,配置于水侧,符合其生态习性,能体现自然野趣。其树冠伸展达 14m,生长健壮,部分枝条自然下垂贴近水面,为中下层耐阴植物和水生生物创造适宜的生境。而中、下层常绿成分可丰富冬季景观。

该组植物西侧为水面,自最近的石桥上刚好成为对景,距离约为30m,大约为树高的1.5倍,可隔水观赏。尤其在夏季,其浓郁的树荫具有较大的吸引力,引人入胜;而从藏山阁往红鱼池方向行进,时隐时现的水系在拐过该组植物后才历历在目,空间也从隐蔽转为开朗,形成鲜明的对比,故其具有视线引导和分隔空间的功能。由于枫杨在成年(15～25

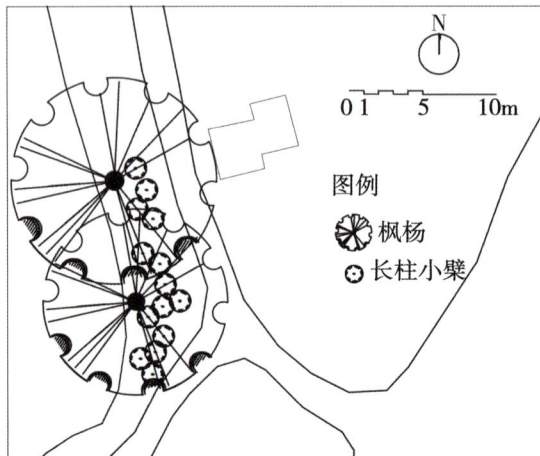

图 4-20　案例 5 植物配置平面图

年)后生长速度转慢,故该组景观已处于稳定期。今后可对其中层的长株小檗应适当加强养护,使其树形更丰满、长势更均匀,增加近景的感染力和冬季的景观效果。

4.2.2　陆地

4.2.2.1　案例 6(DL-1)

地点:植物园经济植物区

面积:约 150m²

案例 6 植物汇总见表 4-6。

表 4-6　　　　　　　　　　案例 6 植物汇总

植物种类	学名	科	属	数量	生活型	类型	形态	胸径/cm	冠幅/m	高度/m
无患子	*Sapindus saponaria*	无患子科	无患子属	4株	乔木	落叶	单干	22.7	10.0	12.5
凹叶厚朴	*Houpoea officinalis*	木兰科	木兰属	3株	乔木	落叶	单干、双干	15.9	5.4	11.8

以4株无患子为主体形成的这个单元在秋季的景观颇为诱人。简单的植物种类与组合,由于突出的季相效果而成为小空间中的焦点和统率,主要得益于植物景观与周围环境的差异性。该组合位于植物园的经济植物区,周边的植物主要有七叶树、杜仲、厚朴、壳斗科经济植物、厚皮香等,该处恰好为植物围合形成的一个面阔约40m,进深约30m的林中空间,无患子伞形的树冠形成最大达12.5m的开展冠幅,在此空间偏北的中间位置占据相当体量,成为自然重心,在南面则留出草坪空间,形成虚实的对比。胸径相差1～3倍的无患子在平均间距不到3m的种植方式下,自然形成较

为完整的树冠,重重叠盖下金黄色羽状复叶形成的秋色在相对较小的空间中具有极强的震慑力。相对秋季景观而言,该组景观在其他季节的特色不甚突出,且凹叶厚朴的景观效果不明显。在今后的植物造景实践中,类似的小空间植物造景和同种植物材料不同年龄小间距的组合方式完全可以作为点状独立式景观的一例加以参考(图4-21)。

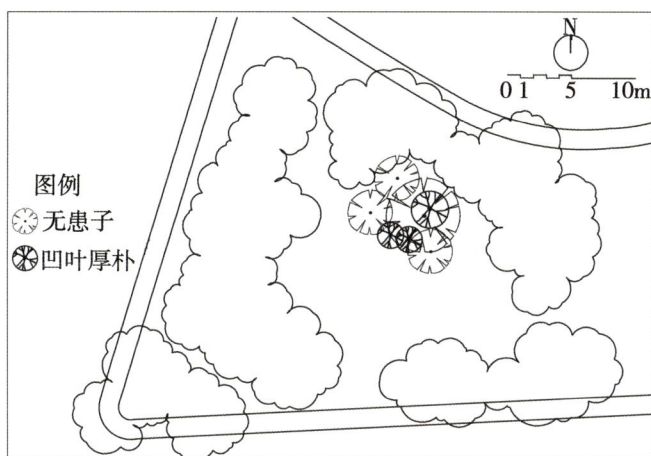

图 4-21 案例 6 植物配置平面图

4.2.2.2 案例 7(DL-2)

地点:花港观鱼藏山阁景区

面积:约 350m²

案例 7 植物汇总见表 4-7。

表 4-7 案例 7 植物汇总

植物种类	学名	科	属	数量	生活型	类型	形态	胸径/cm	冠幅/m	高度/m
朴树	*Celtis sinensis*	榆科	朴属	1株	乔木	落叶	单干	68.2	20.3	17.9
麻栎	*Quercus acutissima*	壳斗科	栎属	1株	乔木	落叶	单干	48.4	14.0	18.3
桂花	*Osmanthus sp.*	木樨科	木樨属	3株	乔木	常绿	多干	18.7	6.5	6.4
枸骨	*Ilex cornuta Lindl.*	冬青科	冬青属	1株	灌木	常绿	单干	33.2	7.3	6.0
中华常春藤	*Hedera nepalensisvar*	五加科	常春藤属	60%	藤本	常绿	丛生	—	—	—
蔓长春花	*Vinca major*	夹竹桃科	蔓长春花属	30%	灌木	常绿	丛生	—	—	—

该组植物景观(图 4-22)结构明晰,主次分明,配植于草坪一隅,具有聚焦视线、组织景观的功能。高达 18m 的落叶乔木与常绿地成为落差明显的前景,高度为 6m 左右的常绿小乔木、灌木和低矮地被共同构成中层与背景,在以草坪为主的开阔空间中具有明确的实体感和独立的领域性。沿不同的方向 20～90m 不等的视线通道形成多变的观赏视距,使其显现完整的景观风貌。在材料选择上,上层落叶乔木虽然不具有集中、突出的花期或果期,但高大开展的树形仍具有突出的主景效果,季相变化与中、下层植被形成的鲜明对比也具有观赏性。朴树、麻栎寿命可逾百年,故该组植物主体结构稳定,具有长期、持续的景观效果。

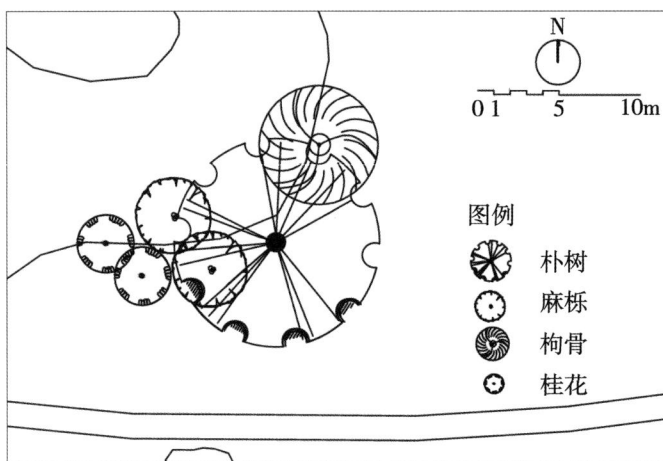

图 4-22 案例 7 植物配置平面图

4.2.2.3 案例 8(DL-3)

地点:花港观鱼牡丹亭景区

面积:约 380m²

案例 8 植物汇总见表 4-8。

表 4-8   案例 8 植物汇总

植物种类	学名	科	属	数量	生活型	类型	形态	胸径/cm	冠幅/m	高度/m
珊瑚朴	*Celtis julianae*	榆科	朴属	1 株	乔木	落叶	单干	91.3	24.5	23.8
朴树	*Celtis sinensis*	榆科	朴属	1 株	乔木	落叶	单干	63.0	15.6	14.3
日本五针松	*Pinus parviflora*	松科	松属	2 株	乔木	常绿	多干	—	1.1	0.8
枸骨	*Ilex cornuta Lindl.*	冬青科	冬青属	7 株	灌木	常绿	单干	—	1.7	1.1

续表

植物种类	学名	科	属	数量	生活型	类型	形态	胸径/cm	冠幅/m	高度/m
圆柏	*Juniperus chinensis*	柏科	圆柏属	1株	乔木	常绿	单干	—	4.4	2.2
榉树	*Zelkova serrata*	榆科	榆属	1株	乔木	落叶	单干	32.6	3.8	2.4
牡丹	*Paeonia suffruticosa*	毛茛科	芍药属	15%	灌木	落叶	丛生	—	0.5	0.6
芍药	*Paeonia lactiflora*	毛茛科	芍药属	10%	草本	落叶	丛生	—	0.5	0.6
杜鹃	*Rhododendron simsii*	杜鹃花科	杜鹃花属	10%	灌木	落叶	丛生	—	0.6	0.4
南天竹	*Nandina domestica*	小檗科	南天竹属	5%	灌木	常绿	丛生	—	0.8	0.5
沿阶草	*Ophiopogon bodinieri*	百合科	沿阶草属	40%	草本	常绿	丛生	—	—	—
石蒜	*Lycoris radiata*	石蒜科	石蒜属	1%	草本	落叶	丛生	—	—	—
络石	*Trachelospermum jasminoides*	夹竹桃科	络石属	1%	藤本	常绿	丛生	—	—	—
中华常春藤	*Hedera nepalensisvar*	五加科	常春藤属	1%	藤本	常绿	丛生	—	—	—

该组景观（图 4-23）位于牡丹亭景区的入口，在结构上采用高大落叶乔木与常绿灌木、地被相结合的方式。珊瑚朴近 24m 的高度与中层 3m 左右的高度形成鲜明的对比，层次清晰，又兼具组织景观的功能。

在植物材料的选择上，其可贵之处在于既点明主题，又不喧宾夺主。北侧少量配置牡

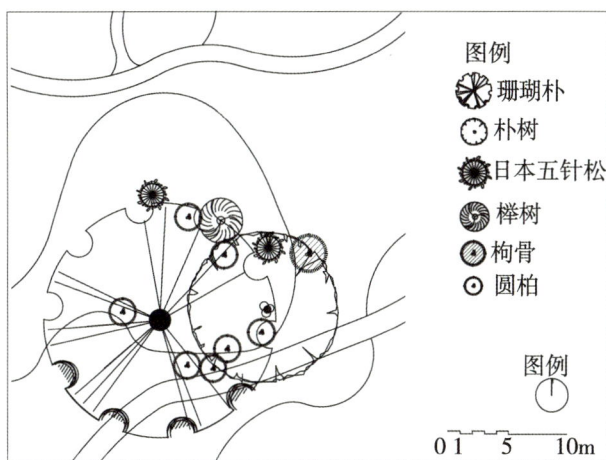

图 4-23 案例 8 植物配置平面图

丹、芍药，与牡丹亭的主题相呼应；珊瑚朴、朴树 4m 以上的分枝点成为极佳的漏景与框景，引导视线捕捉主景；植物间的自然竞争使朴树树冠倾向路侧，似弯腰恭迎游人。整组景观色调和谐、内敛，偏于开阔草坪的一角，以高度、色彩、形态等的对比，与牡丹亭中心景区取得动势的均衡。

4.2.2.4 案例9(DL-4)

地点:花港观鱼牡丹亭景区

面积:约35m²

案例9植物汇总见表4-9。

表4-9 案例9植物汇总

植物种类	学名	科	属	数量	生活型	类型	形态	胸径/cm	冠幅/m	高度/m
赤松	*Pinus densiflora*	松科	松属	1株	乔木	常绿	单干	17.1	4.7	2.6
红羽毛枫	*Acer palmatum var. dissectum*	槭树科	槭树属	1株	乔木	落叶	单干	14.3	4.6	2.1
杜鹃	*Rhododendron simsii*	杜鹃花科	杜鹃花属	2丛	灌木	常绿	丛生	—	2.8	2.0
茶梅	*Camellia sasanqua.*	山茶科	山茶属	6株	灌木	常绿	单干	—	0.7	0.8
中华常春藤	*Hedera nepalensis var*	五加科	常春藤属	10%	藤本	常绿	丛生	—	—	—
络石	*Trachelospermum jasminoides*	夹竹桃科	络石属	1%	藤本	常绿	丛生	—	—	—
沿阶草	*Ophiopogon bodinieri*	百合科	沿阶草属	20%	草本	常绿	丛生	—	—	—

该组植物(图4-24)位于牡丹亭正前方,是局部的主景也是牡丹亭植物造景中的一个部分。在材料的选择上沿袭了整体风格,以较低矮的形态、别致的造型和色彩取胜。主景选择赤松、羽毛枫、杜鹃三种不同植物,通过修剪,表现为半圆球形的统一基调;在高度上,利用地形呈现逐级递减的形态;特别是羽毛枫的运用,在高度与色彩

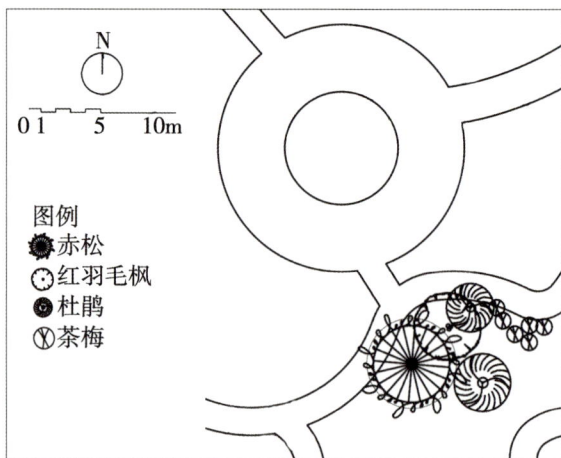

图4-24 案例9植物配置平面图

上都起到了很好的过渡与衔接作用。整组植物特色鲜明,形象丰满,借助山势,成为牡丹亭中部景区的制高点,亦自然成为焦点。

4.2.2.5 案例10(DL-5)

地点:花港观鱼牡丹亭景区

面积:约140m²

案例10植物汇总见表4-10。

表4-10 案例10植物汇总

植物种类	学名	科	属	数量	生活型	类型	形态	胸径/cm	冠幅/m	高度/m
白皮松	*Pinus bungeana*	松科	松属	1株	乔木	常绿	单干	20.2	5.4	3.1
鸡爪槭	*Acer Palmatum*	槭树科	槭树属	6株	乔木	落叶	单干、多干	11.3	4.5	2.4
罗汉松	*Podocarpus macrophyllus*	罗汉松科	罗汉松属	1株	乔木	常绿	单干	10.5	2.8	1.8
凤尾兰	*Yucca gloriosa*	百合科	丝兰属	25头	灌木	常绿	丛生	—	1.5	1.3
牡丹	*Paeonia suffruticosa*	毛茛科	芍药属	15%	灌木	落叶	丛生	—	0.5	0.6
芍药	*Paeonia lactiflora*	毛茛科	芍药属	10%	草本	落叶	丛生	—	0.5	0.6
迎春	*Jasminum nudiflorum*	木樨科	素馨属	2丛	灌木	落叶	丛生	—	1.2	1.2
杜鹃	*Rhododendron simsii*	杜鹃花科	杜鹃花属	2丛	灌木	常绿	丛生	—	2.8	2.0
南天竹	*Nandina domestica*	小檗科	南天竹属	5%	灌木	常绿	丛生	—	0.8	0.5
沿阶草	*Ophiopogon bodinieri*	百合科	沿阶草属	10%	草本	常绿	丛生	—	—	—
中华常春藤	*Hedera nepalensis var*	五加科	常春藤属	10%	藤本	常绿	丛生	—	—	—

该组植物(图4-25)位于牡丹亭中心景区东入口附近,在立面上具有标志、引导和界定空间的作用。作为相对独立的一组景观,其本身在构图上与选材上也具有可取之处。主要表现为季相特色鲜明,材料选型得当,层次分明,整体性强。

白皮松与鸡爪槭构成的高近10m、宽约14m的体量,无论在平面构图还是立面组织上,都占据了主体地位。胸径达45.2cm的鸡爪槭是本次调查中最大的一株,其树冠开展、枝繁叶茂,表现出健康、稳定的生长态势,在每年展叶期和变色期,都呈现了突出的效果。对比而言,白皮松则更显疏朗,其枝干的观赏价值相对较高。牡丹、芍药作为牡丹亭景区的主调植物,在配置上更接近路边,以竹篱的形式进行围护,既可近距离观赏,又具有一定的保护作用。稍靠后的凤尾兰、罗汉松、南天竹、杜鹃等在牡丹开花时是适宜的深色背景,在其他时节则具有较好的观赏效果,如迎春最早开的黄色小花首先传递春的气息,在牡丹、芍药竞相争艳后,杜鹃、凤尾兰等次第开放,较好地兼顾了四季景观。

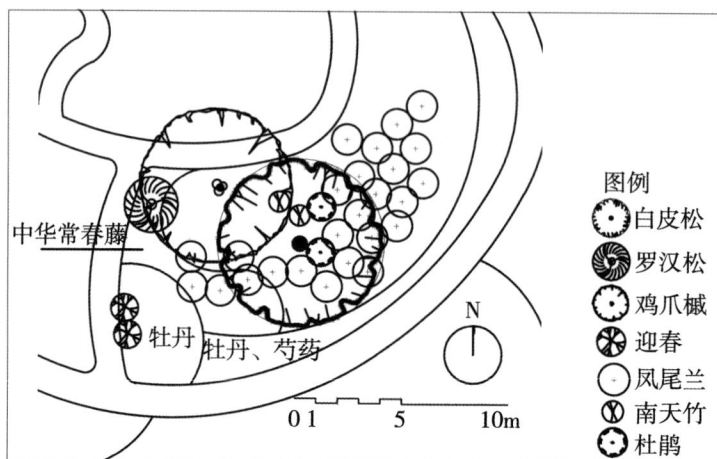

图 4-25 案例 10 植物配置平面图

4.2.3 小结

通过以上案例分析,不难发现植物造景上较为成功的点状独立式景观往往表现为突出的视觉效果和较强的整体性。这与位置、植物材料的选择与结构密切相关,现主要从这几方面对这类植物造景进行小结。

4.2.3.1 位置

这类景观本身所处的位置对最后形成突出的效果具有较大的影响,在实际应用中,主要通过对比的手法强化主景。这类植物景观往往位于较为开敞的空间,占据空间的几何中心或构成空间的自然中心,有良好的视线通道和适宜的视距。在空间中以垂直界面上的体量与水平界面形成强烈对比(水平界面可以是草坪也可以是平静的水面);以植物组合的实体感与开敞空间形成虚实对比;以植物的花、果、叶等季相变化与以纯色为主的背景形成色彩上的对比(背景可以是以绿色为基调的植物也可以是纯净的水面或天空)。

4.2.3.2 种类与数量

突出的视觉效果往往与材料的种类和数量有关,现主要对木本植物材料进行简单的统计与分析(表 4-11)。在本类植物景观中,受面积的限制,植物材料的种类与数量随着面积的增加并没有呈现有规律的变化,也从一个方面说明在这个尺度下面积对植物的种类和数量不存在分化作用,这样的分类方式比较合理(图4-26)。随着种类的增加,植物的数量必然也随之增加,但除个别案例外,其振幅并不大,即每一类植物个体的数量并不多。说明在这类植物造景中,植物种类的丰富度、植物个体的观赏性对于整体植物景观的质量具有更直接的作用。当然,受面积的限制,不能无限制地增加植物的种类,否则不仅不利于植物的生长,也易造成视觉上的混乱。仅以现有的例子为据,5种左右的木本植物(主要包括乔木、灌木等)是一个在此类设计中可以参考的数据。

表4-11 本类植物造景案例木本植物种类、数量

案例编号	面积/m²	种类	数量/个	数量/种类
案例1(DS-1)	120	3	14	4.7
案例2(DS-2)	170	7	17	2.4
案例3(DS-3)	115	5	6	1.2
案例4(DS-4)	170	7	15	2.1
案例5(DS-5)	190	2	17	8.5
案例6(DL-1)	150	2	7	3.5
案例7(DL-2)	350	4	6	1.5
案例8(DL-3)	380	6	13	2.2
案例9(DL-4)	35	5	12	2.4
案例10(DL-5)	140	9	34	3.8
平均值	—	5	12	2.4

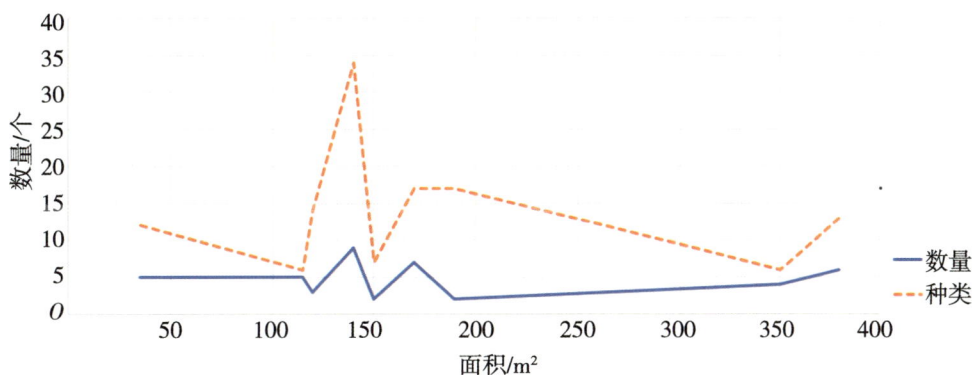

图4-26 本类植物造景案例木本植物种类、数量随面积变化图

4.2.3.3 间距与结构

植物的冠幅与间距是植物造景结构上的重要限制因子,它不仅决定了植物景观在水平方向上的紧密程度,而且垂直方向上上层植物的盖度对于下层植物材料的选

择和分布也有着较大的影响。在这类植物造景中,考察每一种植物的种盖度,并按照种的平均高度进行排列,可以发现在这类植物造景中,最高层或次高层植物材料单种盖度超过90%的占了调查案例的6成(表4-12),以高层单种植物形成突出特色是营造该类植物景观快捷而有效的途径。

表 4-12 　　　　　　　　　　　　　　本类案例各类植物单种盖度

案例编号	植物种类	种盖度/%	高度/m
案例 1(DS-1)*	鸡爪槭	92	3.6
	红枫	14	2.3
	野蔷薇	3	1.6
	二月兰	60	
	黄菖蒲	20	
案例 2(DS-2)*	黑松	90	7.6
	白皮松	13	3.1
	红枫	10	2.7
	鸡爪槭	56	2.4
	枸骨	3	2.1
	紫藤	6	1.6
	梅花	1	1.4
	中华常春藤	10	
	扶芳藤	10	
	薜荔	10	
	络石	10	
	红花酢浆草	10	
	石蒜	10	
	沿阶草	10	
	黄菖蒲	10	
案例 3(DS-3)*	马尾松	43	11.4
	黑松	53	8.7
	黄松	28	5.6
	日本五针松	7	2.3
	羽毛枫	4	1.3
	沿阶草	40	

案例编号	植物种类	种盖度/%	高度/m
案例4(DS-4)*	朴树	62	14.2
	美人茶	30	4.9
	桂花	9	3.9
	樱花	4	3.2
	紫藤	5	1.6
	火棘球形	1	1.4
	吉祥草	70	0.2
案例5(DS-5)*	枫杨	100	20.4
	长柱小檗	9	1.5
	中华常春藤	20	
	沿阶草	20	
案例6(DS-1)*	无患子	100	12.5
	凹叶厚朴	46	11.8
案例7(DS-2)*	麻栎	44	18.3
	朴树	92	17.9
	桂花	28	6.4
	枸骨	12	6.0
	中华常春藤	60	
	蔓长春花	30	
案例8(DS-3)*	珊瑚朴	100	23.8
	朴树	50	14.3
	榉树	3	2.4
	圆柏	4	2.2
	枸骨	4	1.1
	日本五针松	1	0.8
	牡丹	15	0.6
	芍药	10	0.6
	南天竹	5	0.5
	杜鹃	10	0.4
	沿阶草	40	
	石蒜	1	
	络石	1	
	中华常春藤	1	

案例编号	植物种类	种盖度/%	高度/m
案例9(DS-4)*	赤松	50	2.6
	杜鹃	35	2.0
	红羽毛枫	47	2.1
	茶梅	7	0.8
	中华常春藤	10	
	沿阶草	20	
	络石	1	
案例10(DS-5)*	白皮松	32	3.1
	鸡爪槭	27	2.4
	罗汉松	4	1.8
	凤尾兰	32	1.3
	迎春	2	1.2
	杜鹃	2	2.0
	南天竹	1	0.5
	牡丹	20	0.6
	芍药	5	0.6
	沿阶草	10	
	中华常春藤	40	

注：* 为单种盖度超过90%的案例。

4.3 线性空间种植方式

充分体现、挖掘"线"的特性是此类景观成功的关键。线可以看作是点的集合，同样，线状空间也可以在一定尺度下分解为若干点状空间。但成功的线状空间最重要的条件之一是点与点之间的呼应，即存在一定的法则，线性绿化多用于划分空间，有时也用来强调线条的方向性。设计线性绿化要充分考虑空间组织和构图的要求，或高或低、或曲或直、或长或短，都要以空间组织的需要和构图规律为依据。

4.3.1 滨水

水体与陆地间往往存在着明显的界限，以驳岸的形式相分隔，在水陆交界地带可形成线状空间。此类景观的过渡地带也是视觉的敏感区域。对于类似地区的植物景观处理可考虑从空间特性出发，体现空间的连续性和序列性。

4.3.1.1 案例11(XS-1)

地点:白堤

"间株桃花间株柳"是对白堤植物栽植方式的总结,桃红柳绿的白堤已成为春天西湖的邀请函,吸引各方游人纷至沓来。即使每隔几年,白堤上的柳树因为生长不良或老化而不得不进行更换,但力保这种景致的决心也可见一斑。正鉴于此,研究其具体的造景手法十分必要。

白堤上的垂柳与桃花采用规则式列植,纵向平均间距基本统一为9.5m,体现空间的连续性(图4-27、表4-13)。在断面上,则主要表现为天际线的起伏变化与对称、均衡的美。而在构图、色彩与质感等方面,这两种植物间也构成了对比与调和。垂柳婆娑的垂直线条与桃花虬曲伸展的横向线条形成线条的对比、刚柔的对比,碧桃的花色则与垂柳的枝叶形成色彩上的对比,增加了多重观赏意趣。整体上,该组景观体现的是开朗、明媚的春景。

图 4-27 案例 11 植物搭配

表 4-13 案例 11 植物汇总

植物种类	学名	科	属	生活型	类型	形态	胸径/cm	冠幅/m	高度/m
垂柳	*Salix babylonica*	杨柳科	柳属	乔木	落叶	单干	37.0	6.8	7.2
碧桃	*Prunus persica*	蔷薇科	梅属	乔木	落叶	多干	12.4	3.2	2.8

4.3.1.2 案例12(XS-2)

地点:杭州市北山路

风景区的道路是典型的线状空间。北山路白堤至西泠桥段的人行道结合西湖的曲折变化,以简单的行道树的形式构成了颇为壮观的临湖街景(图 4-28、表 4-14)。冠大荫浓的悬铃木树体高大、冠幅开展。由于临湖一侧具有更开阔的生长空间,使悬铃木的枝叶在人行道上方形成难得的拱廊般的效果,其整齐的季相变化也为该组植物景观增色不少。

图 4-28　案例 12 植物搭配

表 4-14　　　　　　　　　　　　案例 12 植物汇总

植物种类	学名	科	属	生活型	类型	形态	胸径/cm	冠幅/m	高度/m
悬铃木	*Platanus acerifolia*	悬铃木科	悬铃木属	乔木	落叶	单干	56.1	10.2	16.7

4.3.1.3 案例13(XS-3)

地点:孤山

面积:约 445m² (84m×5.3m)

由道路和水体限制形成的空间为边界明确的规则式空间,长约 84m,平均宽度约为 5.3m。在植物栽植上采用与规则式空间相适应的列植方式,一列枫香、一列迎春再次强化线性空间的边界,其形态、高度上的差异形成半开敞的空间,将视线自然引向湖面(图 4-29、表 4-15)。等距的座椅、迎春等构成稳定的基本节奏,而枫香本身的季相变化和个体间的差异体现了韵律。在功能上,高约 1m 的迎春具有防范和限制的作用,分枝点高于视线的树干具有透景、框景的功能,微微向湖面倾斜的坡度利于自然排水,开展的树冠具有庇荫的效果。虽然配置手法简单,但其景观简洁纯粹,功能组织合理,也可作为线状空间植物造景的方式之一。

图 4-29 案例 13 植物搭配

表 4-15 案例 13 植物汇总

植物种类	学名	科	属	数量	生活型	类型	形态	胸径/cm	冠幅/m	高度/m
枫香	*Liquidambar formosana*	金缕梅科	枫香属	16 株	乔木	落叶	单干	34.6	12.0	14.5
迎春	*Jasminum nudiflorum*	木樨科	茉莉属	41 株	灌木	落叶	丛生	—	1.6	1.6
金钟	*Forsythia viridissima*	木樨科	连翘属	8 株	灌木	落叶	丛生	—	0.8	0.8

4.3.1.4 案例 14(XS-4)

地点:苏堤

"苏堤春晓"(图 4-30、表 4-16)是西湖十景之一,在植物材料的选择上沿用白堤的垂柳、桃花为主体来体现春色,但在配置方式上则采用自然式,形成开合有致、幽、野、艳的整体风格,体现了与白堤不同的景观特色。为强化其特色,驳岸也采用块石驳岸,体现自然的特点;配景树种,特别是上层高大乔木的种类明显丰富与多样,香樟、无患子、重阳木等,使天际线更趋丰满与多变。为加强与白堤植物配置间的可比性,

117

以接近南山路的一段为例,反映同一植物材料不同的造景特色。

该段基本采用双列自然式栽植,滨水栽植垂柳,绿丝绦绦,时不时轻拂水面产生圈圈涟漪,适宜从对岸观望;花色各异的红白碧桃接近路侧,吸引人驻足停留,娇艳、繁茂的花朵在垂柳绿色的映衬下分外妖娆。局部林下配置了 0.5m 高杜鹃,在花期上相互补充,功能上限制人穿越的行为,拉出欣赏视距,可观赏整体效果;也有的桃花直接滨水,适当留空的方式,吸引人近距离观赏。线状空间内虚实相间的配置方式也使该空间在立面上体现了节奏与韵律的变化。该组景观还较好地利用了不同树龄的垂柳相间进行配置,并适时地进行补植,较好地解决了垂柳本身寿命的限制对景观产生的不稳定性。

图 4-30   案例 14 植物搭配

表 4-16   案例 14 植物汇总

植物种类	学名	科	属	生活型	类型	形态	胸径/cm	冠幅/m	高度/m
垂柳	*Salix babylonica*	杨柳科	柳属	乔木	落叶	单干	19.6	5.9	6.6
碧桃	*Prunus persica*	蔷薇科	梅属	乔木	落叶	多干	9.2	4.7	4.7
杜鹃	*Rhododendron simsii*	杜鹃花科	杜鹃花属	灌木	常绿	丛生	—	0.5	0.5

4.3.1.5   案例 15(XS-5)

地点:花港观鱼

面积:约 276m² (46m×6m)

该组植物景观(图 4-31、表 4-17)紧邻长廊,在平均约 6m 宽的狭长地带迎合曲折的岸线构成疏密有致、变化丰富的植物景观。近距离隔水相望,视线几乎垂直于驳岸,起伏的天际线、色彩和质感间的协调差异尤为明显。行至附近的小桥,从侧面观赏,则可发现其位置经营与岸线相得益彰,景观错落有致。另外,在该组植物材料的选择上,较好地应用了微差的艺术原理,使景观在局部的统一中又体现了变化。如 2 株木绣球与 3 株蝴蝶荚蒾的混栽,鸡爪槭秋色上的差异,胸径相差 2 倍左右的两株香樟的应用等,使整体上体现了多样与统一。

图 4-31　案例 15 植物搭配

表 4-17　　　　　　　　　　　案例 15 植物汇总

植物种类	学名	科	属	数量	生活型	类型	形态	胸径/cm	冠幅/m	高度/m
香樟	*Cinnamomum camphora*	樟科	樟属	2株	乔木	常绿	单干	34.2	7.1	9.3
柿	*Diospyros kaki*	柿树科	柿树属	1株	乔木	落叶	单干	11.4	4.6	4.2
鸡爪槭	*Acer Palmatum*	槭树科	槭树属	2株	乔木	落叶	单干	19.5	5.3	2.6
木本绣球	*Viburnum macrocephalum*	忍冬科	荚蒾属	2株	灌木	落叶	单干	17.5	2.6	2.8
蝴蝶荚蒾	*Viburnum thunbergianum*	忍冬科	荚蒾属	3株	灌木	落叶	单干	18.3	3.6	2.8
樱花	*Prunus subg.*	蔷薇科	梅属	4株	乔木	落叶	单干	16.7	3.9	2.9
红花酢浆草	*Oxalis corymbosa*	酢浆草科	酢浆草属	60%	草本	常绿	丛生	—	—	—

续表

植物种类	学名	科	属	数量	生活型	类型	形态	胸径/cm	冠幅/m	高度/m
黄菖蒲	*Iris pseudacorus*	鸢尾科	鸢尾属	20%	草本	落叶	丛生	—	—	—
石蒜	*Lycoris radiata*	石蒜科	石蒜属	5%	草本	落叶	丛生	—	—	—
络石	*Trachelospermum jasminoides*	夹竹桃科	络石属	1%	藤本	常绿	丛生	—	—	—
沿阶草	*Ophiopogon bodinieri*	百合科	沿阶草属	10%	草本	常绿	丛生	—	—	—

4.3.1.6 案例16(XS-6)

地点:花港观鱼

面积:约 160m² (20m×8m)

该组滨水植物景观(图 4-32、表 4-18)以垂柳、河柳为骨干,体现了典型的"堤弯宜柳"的设计理念。该段整体风格较为一致,故以其中一部分为例,分析其在植物造景上的具体手法。

此组植物层次分明,临水中部的透景线处理使其在隔水相望时具有良好的景深。在春季,次第开放的红叶李、云南黄素馨、紫藤顺次更替着观赏的焦点,垂柳、紫藤下垂的枝叶组织的竖向线条与树冠较开展的鸡爪槭、红叶李与水面等的横向线条形成对比,在量上取得动态均衡。随着季节的更替,都具有较好的观赏效果,即使在枝叶落尽后的冬季依然如简笔画般表现出植物的线条之美。

图 4-32 案例 16 植物搭配

表 4-18　　　　　　　　　　　　　　　案例 16 植物汇总

植物种类	学名	科	属	数量	生活型	类型	形态	胸径/cm	冠幅/m	高度/m
河柳	*Salix chaenomeloides*	杨柳科	柳属	1株	乔木	落叶	单干	37.0	9.1	11.7
垂柳	*Salix babylonica*	杨柳科	柳属	1株	乔木	落叶	单干	24.0	5.3	7.8
柿	*Diospyros kaki*	柿树科	柿树属	2株	乔木	落叶	单干	24.7	5.6	7.8
鸡爪槭	*Acer Palmatum*	槭树科	槭树属	4株	乔木	落叶	单干	11.4	3.8	3.8
红叶李	*Prunus cerasifera*	蔷薇科	李属	3株	乔木	落叶	单干	8.4	2.5	2.3
云南黄素馨	*Jasminum mesnyi*	木樨科	茉莉属	1株	灌木	常绿	丛生	—	2.4	1.2
紫藤	*Wisteria sinensis*	豆科	紫藤属	2株	藤本	落叶	丛生	—	3.0	1.6
黄菖蒲	*Iris pseudacorus*	鸢尾科	鸢尾属	20%	草本	落叶	丛生	—	—	—
石蒜	*Lycoris radiata*	石蒜科	石蒜属	10%	草本	落叶	丛生	—	—	—
沿阶草	*Ophiopogon bodinieri*	百合科	沿阶草属	10%	草本	常绿	丛生	—	—	—

4.3.1.7　案例 17(XS-7)

地点:植物园分类园

面积:约 336m²(48m×7m)

植物园分类园(图 4-33、表 4-19)裸子植物区与蔷薇区水边的植物景观,一直作为科学性与艺术性的代表受到专家学者的推崇[11]。对其统一中求变化的艺术效果、丰富的季相变化在此就不赘述,主要通过其种类选择和平面布局的分析,反映其科学性与艺术性的统一。

首先,在种类选择与种植上满足植物的生态要求。杉林在配置上将最耐水湿的水松植于浅水中,原产北美沼泽湿地耐水湿的落羽杉及池杉植于水边,将较不耐湿又需要一定水分的水杉植于离水边稍远处,故植株生长健康、景观相对稳定。而植物本身由于对环境的适应而产生的膝根现象也成为林下活动时关注的焦点。

其次,通过控制间距,模拟杉林在自然环境中的生长状况。杉林在配置时,植株间的距离大小不一,最窄约 1.4m,最宽处约 11.7m。东边有意识地加大密度,利用植物间的竞争,自然成林;靠近西边相对较稀,边缘的两棵水杉株距虽不是最大,最大株距约 3.6m,但由于具有充分的生长空间,树体高大、树冠丰满,模拟自然群落林缘占据空间优势的植株,尽显自然。

图 4-33　案例 17 植物搭配

表 4-19　　　　　　　　　　　　　案例 17 植物汇总

植物种类	学名	科	属	数量	生活型	类型	形态	胸径/cm	冠幅/m	高度/m
水松	*Glyptostrobus pensilis*	杉科	水松属	6株	乔木	半常绿	单干	32.5	5.6	22.3
池杉	*Taxodium distichum*	杉科	落羽杉属	4株	乔木	落叶	单干	41.0	3.2	22.0
落羽杉	*Taxodium distichum*	杉科	落羽杉属	3株	乔木	落叶	单干	32.3	3.4	19.7
水杉	*Metasequoia glyptostroboides*	杉科	水杉属	6株	乔木	落叶	单干	56.8	7.9	22.7
柳杉	*Cryptomeria japonica*	杉科	柳杉属	2株	乔木	常绿	单干	41.8	8.6	15.4
南天竹	*Nandina domestica*	小檗科	南天竹属	10%	灌木	常绿	单干	—	2.0	1.6
沿阶草	*Ophiopogon bodinieri*	百合科	沿阶草属	20%	草本	常绿	丛生	—	—	—

4.3.1.8　案例 18(XS-8)

地点:曲院风荷

面积:约 336m²(56m×6m)

该组植物(图 4-34、表 4-20)位于小路与水系夹峙的狭长区域,平均宽度约 6m,是以水平与垂直线条的对比来达到较好组景效果的例子。水杉尖塔形的树冠垂直向上,水面的倒影更加强了垂直线条。垂柳、合欢、山茶、火棘等丰富了中层景观,使空间时断时续。而红枫的色调恰到好处,少量集中对比色的运用使景观增加了活力。水杉作为最高层植物,为次高层高度的 2 倍以上,较大的落差使层次清晰。中部 4 株连续种植的水杉前未配置其他乔木,故其枝干结构简洁,自然透景,又与两端较为密集的结构形成虚实的对比。该组植物景观借路另一侧的香樟林作为背景,故在水杉枝叶未发前仍能保持在高度、体量、色彩上的稳定,这也是其成功的重要因素。

图 4-34 案例 18 植物搭配

表 4-20   案例 18 植物汇总

植物种类	学名	科	属	数量	生活型	类型	形态	胸径/cm	冠幅/m	高度/m
水杉	*Metasequoia glyptostroboides*	杉科	水杉属	9株	乔木	落叶	单干	56.8	7.9	22.7
合欢	*Albizia julibrissin*	豆科	合欢属	2株	乔木	落叶	单干	22.7	6.4	8.6
垂柳	*Salix babylonica*	杨柳科	柳属	3株	乔木	落叶	单干	15.6	5.0	3.9
红枫	*Acer palmatum*	槭树科	槭树属	4株	乔木	落叶	单干	7.8	3.4	4.1
山茶	*Camellia japonica*	山茶科	山茶属	4株	灌木	常绿	单干	8.9	2.8	3.4
野蔷薇	*Rosa multiflora*	蔷薇科	蔷薇属	6株	灌木	落叶	丛生	—	1.9	1.8
木芙蓉	*Hibiscus mutabilis*	锦葵科	木槿属	5株	灌木	落叶	丛生	3.8	2.6	
火棘	*Pyracantha fortuneana*	蔷薇科	火棘属	1株	灌木	常绿	丛生	—	2.3	1.7
黄菖蒲	*Iris pseudacorus*	鸢尾科	鸢尾属	20%	草本	落叶	丛生			

植物种类	学名	科	属	数量	生活型	类型	形态	胸径/cm	冠幅/m	高度/m
沿阶草	*Ophiopogon bodinieri*	百合科	沿阶草属	10%	草本	常绿	丛生	—	—	—

4.3.2　陆地

道路、林缘为典型的线状空间,其所处环境、功能的差异和其本身走向不同,会对植物景观具有不同的要求。在植物造景中,也应视具体情况,进行相应的变化与调整。

4.3.2.1　案例 19(XL-1)

地点:花港观鱼

面积:约 3000m² (184m×16m)

该组景观(图 4-35、表 4-21)位于两条几乎平行的道路中间,同时也是红鱼池与雪松大草坪两个不同景区的共用界线。通过适当的地形处理和成功的植物配置,完全达到了阻隔视线的效果,主要满足了分隔景区的要求。

该范围长约 184m,平均宽度约 16m,高度差约 2m。堤顶种植一至两排广玉兰,树体高大,分枝点低,为主要的分隔树种,同时在两侧分别种植含笑、山茶护脚。行走在仅隔一带状土堤的两条平行的园路上,只闻其声不见其人,空间隔而不断,植物配置完全满足了功能上的要求。在景观上,则通过堤两侧不同坡度的处理,林缘线的变化和其他乔木的点缀,重点强化使红鱼池侧的空间的景观效果,使其收放有致、富有情趣。

图 4-35　案例 19 植物搭配

表 4-21   案例 19 植物汇总

植物种类	学名	科	属	生活型	类型	形态	胸径/cm	冠幅/m	高度/m
广玉兰	*Magnolia grandiflora*	木兰科	木兰属	乔木	常绿	单干	28.7	5.4	16.7
乐昌含笑	*Michelia chapensis*	木兰科	含笑属	乔木	常绿	单干	27.0	6.8	10.2
麻栎	*Quercus acutissima*	壳斗科	栎属	乔木	落叶	单干	46.3	16.0	21
黑松	*Pinus thunbergii*	松科	松属	乔木	常绿	单干	39.8	8.0	13
美人茶	*Camellia hiemalis*	山茶科	山茶属	乔木	常绿	单干	14.2	3.2	2.7
山茶	*Camellia japonica*	山茶科	山茶属	灌木	常绿	单干	6.3	4.2	2.0
茶梅	*Camellia sasanqua*	山茶科	山茶属	灌木	常绿	丛生	—	0.8	0.7
金丝桃	*Hypericum monogynum*	金丝桃科	金丝桃属	灌木	半常绿	丛生	—	1.2	0.8
日本海棠	*Chaenomeles japonica*	蔷薇科	木瓜属	灌木	落叶	丛生	—	0.6	0.5
麦冬	*Ophiopogon japonicus*	百合科	山麦冬属	草本	常绿	丛生	—	—	—
南天竹	*Nandina domestica*	小檗科	南天竹属	灌木	常绿	丛生	—	—	—
紫金牛	*Ardisia japonica*	紫金牛科	紫金牛属	小灌木	常绿	丛生	—	—	—
沿阶草	*Ophiopogon bodinieri*	百合科	沿阶草属	草本	常绿	丛生	—	—	—
中华常春藤	*Hedera nepalensis var*	五加科	常春藤属	藤本	常绿	丛生	—	—	—

4.3.2.2　案例 20(XL-2)

地点:柳浪闻莺

面积:约 576m²(64m×9m)

柳浪闻莺

明·万达甫

柳阴深霭玉壶清,碧浪摇空舞袖轻。

林外莺声啼不尽,画船何处又吹笙。

柳浪闻莺入口的改造是结合南线综合整治完成的,建成时间虽然不长,但由于垂柳寿命相对较短,其景观已渐趋成熟,故也作为一个例子加以分析。

柳荫绿浪(图 4-36、表 4-22)可作为柳浪闻莺整个景区植物造景的主题之一加以强化。在主入口结合道路,种植四排垂柳,以量取胜,较好地烘托了气氛。其道路以大小不同的卵石铺设,模拟自然河滩,欲使人联想垂柳的常见生境,理念可取。该处为强调其统一性与规则性,47 株垂柳的规格趋于一致,而最窄约 2.5m 的列距、4m 的行距从目前看对垂柳的个体还不存在分化作用,能保证个体间的均衡成长。但同龄植物材料的大量运用也对其景观持续性、稳定性带来了考验,而垂柳相对较短的寿命更使这一问题凸显,二三十年以后推倒重来还是像白堤上那样进行更换? 均一与稳定如何协调,孰重孰轻,看来还得视植物造景的立意与主题而定。

图 4-36　案例 20 植物搭配

表 4-22　　　　　　　　　　　　案例 20 植物汇总

植物种类	学名	科	属	数量	生活型	类型	形态	胸径/cm	冠幅/m	高度/m
垂柳	*Salix babylonica*	杨柳科	柳属	47 株	乔木	落叶	单干	12.1	4.6	8.1

4.3.2.3　案例 21(XL-3)

地点:柳浪闻莺

面积:约 1500m²(68m×22m)

该组植物(图 4-37、表 4-23)位于林缘和道路间的线性空间内,木绣球(琼花)—草坪—香樟的断面组合构成了该组景观洗练的基本格调。高约 3m 的小灌木成为极好的护脚,丰富了后方以乔木为主的阔叶混交林的中层;而自然式混栽的密林不仅围合、强化整体空间效果,而且在高度、体量上与香樟相呼应,取得了均衡的美感;同时密林中枫香、银杏等秋色叶树种也极大地丰富了秋季景观,使其具有颇为壮观的秋色。

该空间的纵向边界分别由两种植物以不同的方式限定。木绣球(和琼花)的平均间距在 2m 左右,略大于平均冠幅的 1/2,采用自然式种植,表现为冠盖紧密相连的整体效果。位于林缘的该组植物在开花时如白色的绸带,颇为壮观。可见,同种或类似的植物以较密集的形式带状种植对于限定线状空间的范围,强化边界,效果明显。

两株香樟间距约 22m,各自冠幅分别为 10m 和 16m,在较低观赏层面上,以树干的形式暗示了空间的边界,与以木绣球为主的林缘形成虚实的对比。可见,高大乔木也可用较少的量对空间起到限定作用。

图 4-37　案例 21 植物搭配

表 4-23　　　　　　　　　　　　案例 21 植物汇总

植物种类	学名	科	属	数量	生活型	类型	形态	胸径 /cm	冠幅 /m	高度 /m
香樟	*Cinnamomum camphora*	樟科	樟属	2 株	乔木	常绿	单干	59.2	13.0	13.5
木本绣球	*Viburnum macrocep-halum*	忍冬科	荚蒾属	7 株	灌木	落叶	单干	13.0	3.2	3.0
琼花	*Viburnum keteleeri*	忍冬科	荚蒾属	2 株	灌木	落叶	单干	16.0	3.5	3.5

4.3.2.4　案例 22(XL-4)

地点:柳浪闻莺

面积:约 $414m^2$(46m×9m)

同一公园中为强调同一题材,可以采取不同的配置方式。该处(图 4-38、表 4-24)为柳浪闻莺公园内草坪与临湖道路交界处,垂柳是该组植物造景的主要题材,在体现量的美的相同前提下,采用自然式种植,表现出与主入口景观完全不同的特色。不难发现,该处景观是在南线综合整治过程中保留原有植被基础上与道路拓宽工程相结合的产物,以群植的方式较好地表现了垂柳的线条美。除了每日太阳西下时可赏玩其光影的趣味外,也提供了一个空间,借季节的变化观赏从鹅黄、嫩绿、翠绿直至落叶的过程。

图 4-38　案例 22 植物搭配

表 4-24　　　　　　　　　　　　　　案例 22 植物汇总

植物种类	学名	科	属	数量	生活型	类型	形态	胸径/cm	冠幅/m	高度/m
河柳	*Salix chaenomeloides*	杨柳科	柳属	1株	乔木	落叶	单干	32.3	5.8	10.1
垂柳	*Salix babylonica*	杨柳科	柳属	16株	乔木	落叶	单干	24.4	4.6	9.9
榔榆	*Ulmus parvifolia*	榆科	榆属	1株	乔木	落叶	单干	26.4	8.4	9.5

该处垂柳群体的组合方式,疏密有致、连续性强。垂柳的胸径在 14～32.3cm 的范围内变化,冠幅随间距的不同在 3.2～5.8m 间变化,整体高度趋于一致,植株间生长空间合理,虽为人工但由于采用不同年龄的植株不等距种植而显得自然。河柳与榔榆各一株,种植于北端,似为原有树种的保留,对自然式栽植的垂柳群体效果影响不大,局部增加了变化。在今后的设计中,其他树种的适当穿插可作为与其他植物造景相衔接的一种手法,但要注意保留主体的完整性。

4.3.2.5　案例 23(XL-5)

地点:花港观鱼

面积:约 1350m²(75m×18m)

该组植物(图 4-39、表 4-25)结构简单、层次分明。雪松深绿色的背景为盛开的樱花提供了极佳的背景,折线状自然种植的单排樱花恰似一片浮云,颇为壮观,其合理的间距与冠幅体现了整体性与连续性。由于樱花的观赏时间较短,因此大多数时间仍以欣赏雪松群植的形体美为主。

图 4-39　案例 23 植物搭配

表 4-25　　　　　　　　　　　　　　案例 23 植物汇总

植物种类	学名	科	属	数量	生活型	类型	形态	胸径/cm	冠幅/m	高度/m
雪松	*Cedrus deodara*	松科	雪松属	12株	乔木	常绿	单干	51.8	11.6	15.6
樱花	*Prunus subg.*	蔷薇科	梅属	1株	乔木	落叶	单干	15.6	4.5	3.2

樱花的平均高度约为雪松平均高度的 1/3,上下层次清晰。樱花间距 5～8m,为现有平均冠幅的 1 倍以上,三三两两的组合彼此呼应,体现了视觉上的连续性,并预留了较大的生长空间。在平面上还可以发现,8 株樱花的疏密变化与 12 株雪松的组合颇为类似,中间紧,两头松,模拟自然界从密林至林缘的生长模式,产生自然的景观效果,并以类似的组合方式使两种植物具有内在的联系,共同构成整体。

相类似的,在一路之隔以春景为特色的太子湾公园,则以常绿的乐昌含笑为背景,林缘配置樱花,下层以海桐、花叶美人蕉、时花护脚。整体格调更趋于热烈。

4.3.2.6　案例 24(XL-6)

地点:太子湾

面积:约 1260m^2(126m×10m)

无患子(图 4-40、表 4-26)迷人的秋色以曲线组合的方式发挥得淋漓尽致。其深色的树干、浓重的金黄色,宛如一幅油画,简单的树种在适宜的环境中表现出统一而壮观的景致。

图 4-40　案例 24 植物搭配

表 4-26　　　　　　　　　　　　　案例 24 植物汇总

植物种类	学名	科	属	数量	生活型	类型	形态	胸径/cm	冠幅/m	高度/m
无患子	*Sapindus saponaria*	无患子科	无患子属	20株	乔木	落叶	单干	25.8	11.6	12.1

3～6 株不等的组合借蜿蜒的小路串成有机的整体,每组内间距为 5～10m,单侧或两侧面临开阔的草坪,使无患子伞形树冠获得较大的生长空间,缓坡起伏的草坪也为形成该组颇具气势的植物景观创造了适宜的观赏环境。单一树种的群植较适宜开敞空间中的植物造景。

4.3.2.7　案例 25(XL-7)

地点:太子湾

面积:约 360m²(36m×10m)

地形有利于组织空间效果,而植物配置与之结合,则能进一步强化地形。该组植物景观(图 4-41、表 4-27)就是一例。地形的辅助使湿地松成为视线的焦点和主体。成片栽植的鸡爪槭作为背景,起到丰富中层景观的作用。纯净的草坪缓缓入水,其细腻的微地形起伏一览无余。植物与地形相结合,创造了开敞的空间,适宜远距离观赏其整体效果。

图 4-41　案例 25 植物搭配

表 4-27　　　　　　　　　　　　　案例 25 植物汇总

植物种类	学名	科	属	数量	生活型	类型	形态	胸径/cm	冠幅/m	高度/m
湿地松	*Pinus elliottii*	松科	松属	6株	乔木	常绿	单干	22.6	7.2	13.5
鸡爪槭	*Acer Palmatum*	槭树科	槭树属	16株	乔木	落叶	单干	16.5	5.1	5.5
麦冬	*Ophiopogon japonicus*	百合科	山麦冬属	70%	草本	常绿	丛生	—	—	—

该组植物上层选择湿地松这一强阳性树种直接种植于坡顶，符合其生态习性，利于其生长，6株湿地松3＋3的组合模式即可独立成景，又具有一定的联系。每组内4～7m间距使个体在冠幅、胸径上产生一定的差异，较为自然。背景鸡爪槭林采用2～5m不等的间距，使其胸径产生了一定的分化，最小的约为12.4cm，最大的约为21.5cm，预计随着时间的推移，胸径的分化会进一步加强，种内的竞争或许会成为其背景景观变化的主要因子。

4.3.3　小结

综合以上案例，本类植物造景对于线状空间的诠释主要通过以下几种手法来体现其序列性：

4.3.3.1　规则式列植

以固定的株距对线状空间进行划分是简单易行的手法，多见于风景区道路、入

口、广场或建筑附近。为体现稳定的节奏、加强秩序性,多选择同一规格的植物材料,并进行统一的养护管理,表现出较强的一致性。这样的植物造景方式具有强烈的节奏感和纵向序列感,但如果长度过长,则易产生单调感和视觉疲劳,故在实际的植物造景中,可以通过控制长度(如柳浪闻莺的入口柳林,长度控制在64m左右)、线型的变化(如北山路的悬铃木行道树沿西湖的岸线呈曲线型列植)、不同树种的组合(如白堤以垂柳和碧桃的组合产生对比,体现变化)等方式来增强植物造景的艺术性。

4.3.3.2　自然式种植

自然式种植打破了规则式产生的严格秩序与稳定节奏,体现了自由、灵活的特点和多变的组合。在材料的种类数量、规格组合、间距控制等方面增加了选择余地,产生序列的规则也趋于多样,适用于各类游憩环境。依据植物材料的种类多少,有不同的表现形式。

(1)单种植物

单种植物的大量运用有助于表现植物本身的特色,体现群体的力量,使植物景观具有原始、纯粹的感染力,适合较大尺度的开敞空间,如草坪、水体边缘等。自然式种植不同于规则式列植的严谨与秩序,即使在规则的空间中,也通过平面的组合变化体现自然之趣,如柳浪闻莺草坪一侧的柳林;如果为曲线型的线状空间,自然式的种植方式可将曲线的美发挥极致,如太子湾公园的无患子草坪。单种植物的线状序列式植物造景借助植物规格和间距的变化实现中国园林中"源于自然、高于自然"的设计理念。通常3株或3株以上形成一个单元、几个单元组成序列。各植株的间距与冠幅是决定序列水平空间结构的重要因素。

(2)两种植物

两种植物在线状空间中的自然式种植,为体现空间的特征,往往以列的形式加以强化,其组合手法类似于单种植物。需要特别强调的是植物种类的选择应体现明显的差异性,一般采用高大常绿乔木+落叶小乔木(或花灌木)的组合,使植物造景主次分明,结构清晰,景观稳定,如雪松大草坪林缘的樱花、柳浪闻莺木绣球与香樟的组合等。

(3)多种植物

多种植物的线状组合在种类与数量上趋于多变,但其最佳观景位置也相对固定,多平行于线状空间长轴,植物造景表现为立面的变化与组合,如案例15～18。这4组植物造景都位于滨水的狭长空间,当视线越过水面垂直于岸线时,视觉对于驳岸的凹凸、宽窄变化很难清晰感知,植物景观压缩为一直线分布,其立面特征对于视觉的影响最大。4组案例都采用了5种以上的乔木或灌木,每种数量不等,为形成有机的序列,不约而同地对高大乔木进行了慎重的选择和配置,使其能起到控制全局、稳定结构的目的。如案例15采用大小不同的2株香樟限定了基本的结构,案例16采用了河柳和垂柳各一株控制范围,案例17以杉科杉属的5种植物形成统一的外貌,案例18则以9株水杉形成了主要的格调。可见,在多种植物的线状序列式配置中,上层植物对植物造景起到较大的影响,以单一种或类似种奠定基调,配以其他中下层植物,能产生统一中有变化、自然而又不杂乱的植物景观。

4.4 面状空间种植方式

面状空间在本研究中属于较大范围的研究领域,强调以点带面、以线组景。在此类组合式植物景观中,其内在的逻辑性至关重要。通过适当的组合,可以成为一个景观特色鲜明、相互联系、相互交织的整体。

4.4.1 滨水

滨水景观往往随水面的开合而出现点、线、面间的相互转换。面状组合式滨水景观反映的是各空间之间的组合与转换;反映的是整体与局部之间的辩证关系。

4.4.1.1 案例26(MS-1)

地点:太子湾中部滨水景观

太子湾公园(图4-42)位于西湖西南角,东邻张苍水祠,南倚九耀山、南屏山,西接赤山埠,北临花港公园。公园始建于1988年,总面积80.03hm²。

太子湾的设计理念源于对自然山水画的欣赏与理解,设计秉承了中国传统自然山水园的创作理念,因山就势,巧妙地挖池筑坡使其地形高低起伏,错落有致,把地形改造、水系处理和道路设计作为造园的重点之一,在基本骨架具备的基础上进行植物造景。植物配置去细碎、重整体、略雕琢、求气势,材料的选择主要强化春季景观。全园以体现山情野趣和流水逸趣为主,故其滨水景观亦为其主要特色之一。现就其中部滨水植物造景略加分析。

流水多趣,活水多鲜。借助西湖引水工程带来的便利,太子湾公园内的水系呈现了西湖风景名胜区少有的动水景观,其植物配置亦应与其整体景观相协调。水系自南向北利用原有山势,以西湖引水工程的一条明渠作为主线,积水成潭、截流成瀑、环水成洲、跨水筑桥,以自然奔腾的溪流贯穿全园,局部则以或大或小的汇水面形成静

中带动的水景,有分有合,迂回萦绕,富有自然之趣。其滨水的植物造景,亦随形就势,配合得恰到好处,体现了"自然拙朴"的个性特点。

以下对太子湾公园中部的滨水景观作一简单分析。

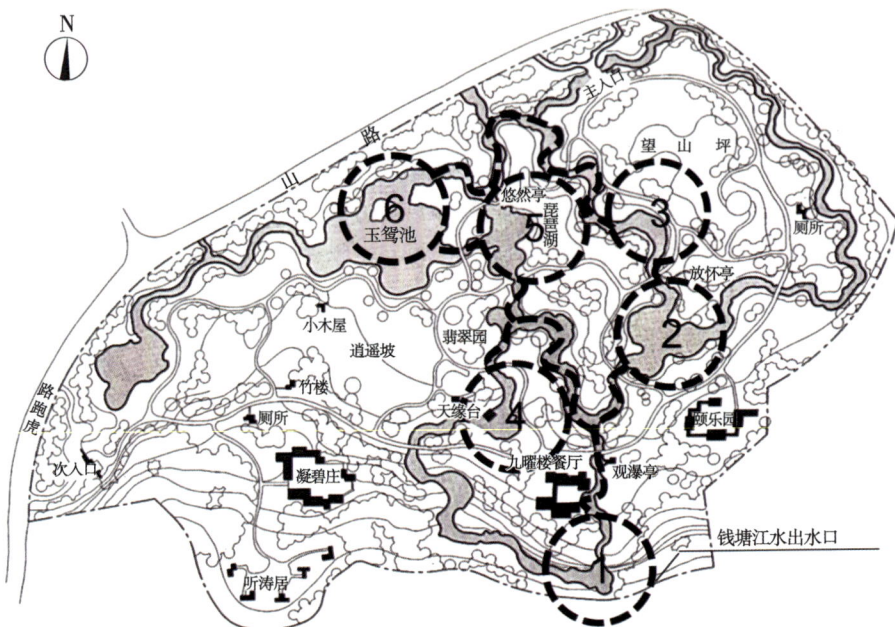

图 4-42　太子湾公园平面图(改绘自太子湾公园导游图)

①钱塘江水入水口旁植物配置顺接山林,体现山之余脉。植物配置以落叶疏林为主,适当点缀高大常绿乔木,兼顾季相变化。植物种类主要有枫香、三角枫、香樟等。

②自入水口而下的一股分支在此形成较大的汇水面,为园中主要的滨水活动空间之一。故此处植物配置周边采用围合式,而滨水则以点带线,适当点缀,起到局部点景的作用。围合植物材料主要为乐昌含笑、湿地松、金钱松、玉兰、二乔玉兰、红叶李、山茶、鸡爪槭、桂花等,一般采用乔木＋灌木的组合方式,局部点缀宿根花卉或草花,围合效果好,且具有一定的观赏性。滨水主要在水流拐角等处孤植合欢,或野蔷薇、迎春、云南黄素馨、黄菖蒲等丛植镶边,留出了较大的亲水空间。总体而言,该处是以水体为中心的开敞空间,植物造景也以烘托主景为主(图 4-43、图 4-44)。

图 4-43 太子湾公园实景(一)

图 4-44 太子湾公园实景(二)

③水体在此转化为典型的溪流形式,故滨水植物造景以湿生、水生花卉为主。岸际局部斜出几株樱花,与附近的道路景观相协调;而全园广植的乐昌含笑成为良好的深色背景,衬托出各色花卉的娇艳。滨水主要植物种类为樱花、合欢、野蔷薇、迎春、云南黄素馨、德国鸢尾、黄菖蒲等。总体而言,该处线性空间的植物造景以突出野趣为主(图 4-45)。

135

图 4-45　太子湾公园实景(三)

④入水口的另一股分支以山涧的形式在此出现,环绕逍遥坡而行。植物配置上除了以樱花为主体渲染春景外,还以中华常春藤护坡,借地形变化着力体现山涧的气氛。主要植物材料为樱花、火棘、贴梗海棠、中华常春藤等(图 4-46)。

⑤此处为水系交汇后形成的水面,植物配置在此处担当了较为重要的角色。相对于整个公园而言,该处植物种类较多,季相变化也较为丰富。水体两侧滨水植物镶边种植,形成连续的线状空间,高大的乐昌含笑在此起到了围合、界定空间和背景的功能,东西两侧相互呼应但又各有特色。孤植的河柳、红枫、蒲苇聚焦视线,在向南北眺望时,作为中景,既增加景深又使空间有所界定。

主要植物种类有乐昌含笑、河柳、红枫、玉兰、二乔玉兰、鸡爪槭、野蔷薇、火棘、蒲苇等。

图 4-46 太子湾公园实景(四)

⑥玉鸳池(图 4-47)为园内较大的水面空间,可以开展游船等水上活动,是相对热闹的区域。其周围的植物造景主要为配合每年的郁金香展,烘托下层球宿根花卉而设。作为主展区之一,也是最大的滨水展区,在植物选择上尽量避免主要观赏期与郁金香的花期一致的植物,以免喧宾夺主。故以乐昌含笑、鸡爪槭、河柳等春季绿色植物为主要背景,局部适当点缀具有一定枝下高的玉兰、二乔玉兰、红枫等,围合水面,形成相对独立的活动空间。

图 4-47 太子湾公园实景(五)

太子湾中部滨水植物造景(图 4-48)总体上呈现两头幽、中间艳的格局,顺水而下或溯流而上都能感受起景——高潮——结景的有机序列。空间开合收放相宜,植物景观多样统一。虽然种类不多,但是通过不同的种植方式和不同组合,形成各具特色的植物景观,主题突出,特色鲜明。据不完全统计,滨水植物约 27 种,中下层植物 19 种,其中 15 种为春季观花或观叶植物。可见,上层植物对于统一基调、体现景观的连续性具有突出作用,种类不宜过多。中下层植物可作为观赏的焦点,集中展示某一季节的植物景观,可使主题突出,特色鲜明,也不失为植物造景中可以借鉴的思路。

图 4-48　太子湾公园实景(六)

4.4.1.2　案例 27(MS-2)

地点:曲院风荷风荷景区

曲院风荷(图 4-49)是杭州西湖十景之一,东起苏堤,西至西山路,北起岳坟,南到郭庄,占地 28.4hm^2,是以夏季赏荷为主的名胜公园。其中风荷景区以荷花池为中心,占地 7.2hm^2,水面 2.4hm^2。

该景区水面开阔,以堤、岛、桥的形式划分水面,增加观景层次。在植物造景上亦结合堤岛的形式,以点、线性质的植物景观串联水体周边环境,除水道本身的走向形成的透景线外,整体围合感强,主体水面空间内心性明显。

水岸沿线的植物以香樟、垂柳、水杉、湿地松为主,近 20m 高的水杉和湿地松控制了最高点,10 余米的香樟、垂柳、河柳广卵形的树冠丰富了其下的层次,使其具有良好的林冠线。而合欢、山茶、红枫、鸡爪槭、紫薇等增加了中层的变化,多以零星点缀的形式种植。同时,缸栽荷花、睡莲既限制了其生长范围,也便于控制栽植位置。睡莲多种于岸边,可以近观;荷花多亭亭立于水中,使水面层次丰富、虚实相济、形影相衬。岸边则栽植木芙蓉为点题,亦为延长植物景观的观赏期。

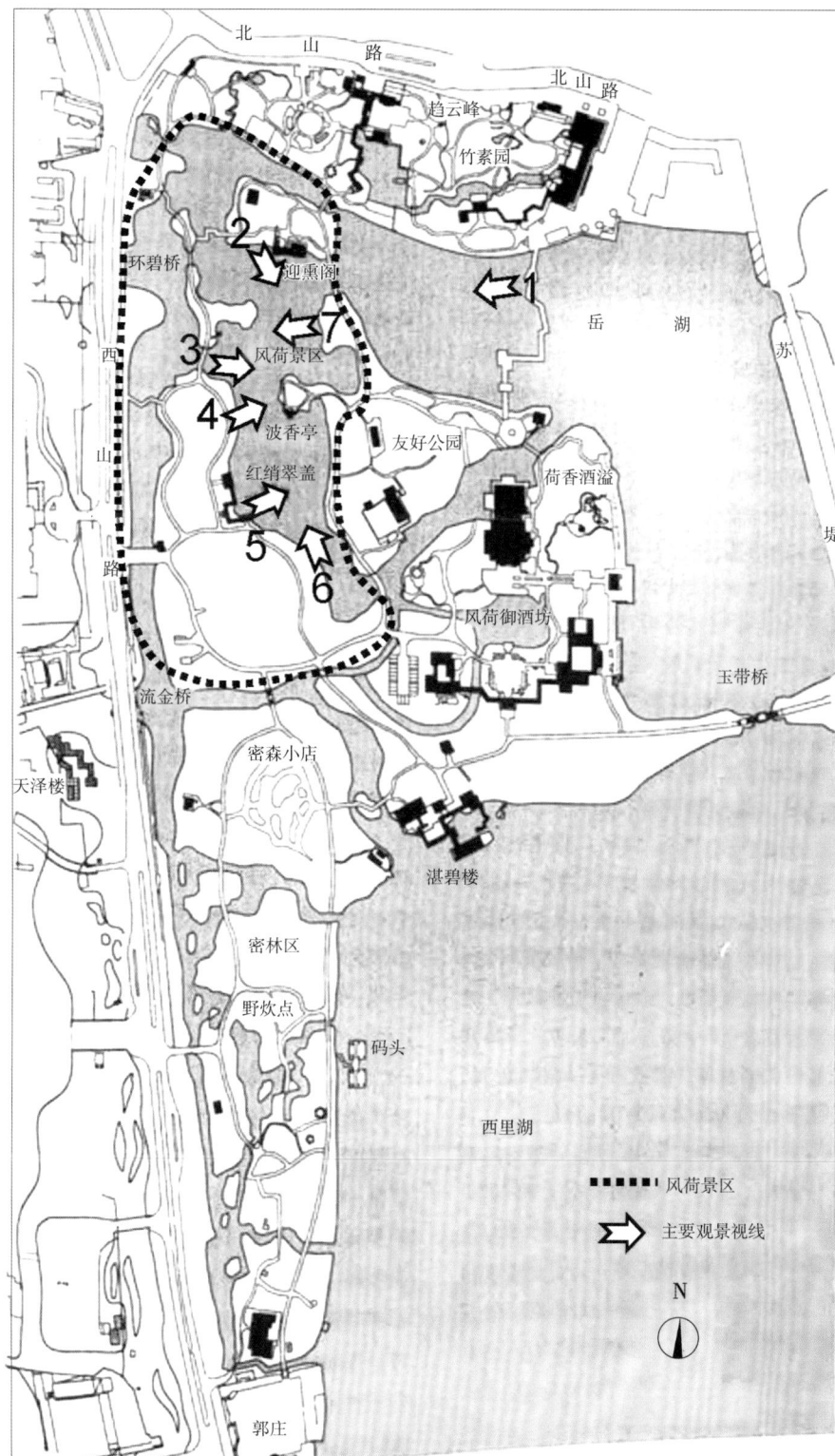

图 4-49　曲院风荷平面图(改绘自曲院风荷导游图)

风荷景区的植物配置（图 4-50）除为配合观荷的主题，突出夏季景观的"碧、凉"外，还较多运用了夏季开花的植物以增加陆地植物的观赏性，而植物材料的种类选择上也较为均衡，兼顾了四季的变化。仅就实测的两个岛和滨水一段植物（XS-8）种类为例，共计有 22 种，按不同的分类标准对植物种类进行统计，乔木层：灌木层：地被层（草本和覆盖地面的藤本）＝7：10：5，常绿：落叶＝3：8，结构均衡，季相分明，是杭州西湖风景名胜区以植物为主题进行植物造景的代表作之一。

图 4-50　风荷景区实景

4.4.1.3　案例 28(MS-3)

地点:武汉东湖落雁景区滨水景观

面积:约 59000m²

东湖落雁景区(图 4-51)位于东湖东岸,用地总面积为 10.24km²,其中陆地 5.92km²,水域 4.32km²。景区植被茂盛、风动林涛、港汊交错、水鸟众多,东湖风景区得天独厚的自然风光造就了它秀美的生态环境和景观,同时园内还集中修建了一批体现楚地民俗文化历史的雕塑和建筑。案例地块为一处向南伸向水中的半岛,面积约 5.9hm²。

该地块植物景观充分利用了现状绿地风貌,场地地形微微起伏,植物排布错落有致,把地形改造和道路设计作为造园的重点之一。在基本骨架具备的基础上进行植物造景。植物配置去细碎、重整体、略雕琢、求气势。植物材料的选择主要强化秋季景观。全园以体现杉林野趣和流水逸趣为主,故其滨水景观亦为其主要特色之一。现就其中部滨水植物造景略加分析。

借助半岛蜿蜒曲折的水岸线,布置南北向主园路形成串联,并以南端突出的绿地建设兼顾驻足观景和休憩功能的小广场。其植物配置与其整体景观相协调,富有自然之趣。其滨水的植物造景亦随形就势,配合得恰到好处,体现了"自然拙朴"的个性特点。

以下对东湖落雁景区半岛的滨水景观作一简单分析。

图4-51 武汉东湖落雁景区南半岛平面图

（1）乌龙潭植物配置

顺接弯曲的内湖水岸，植物配置以成片的杉林为主，于休憩亭周边点缀高大的常绿和落叶乔木，点缀色叶树种，丰富的观花的挺水植物，体现季相变化。采用乔木＋灌木＋地被和乔木＋地被两种组合形式，主要在水岸转角等处孤植枫杨、乌桕，或南天竹、云南黄馨、再力花等丛植镶边，留出了较大的亲水空间，既有小场景的内湖景观，又有大气开阔的滨湖景观，提供游人丰富的游览体验。植物种类主要有池杉、雪松、枫杨、香樟、乌桕、荷花、再力花、美人蕉等（图4-52）。

图 4-52 武汉东湖落雁景区实景(一)

(2)池杉林和栈道观鸟植物配置

临水栈道一侧以成片的池杉林为主,疏密空间结合,时而郁闭,时而开阔,适当点缀雪松、桑树等树种,起到局部点景的作用。主要采用乔木＋地被的两层组合形式,局部增加缀花草坪或草花,丰富林下观赏性。总体而言,本地块以水体和滨水栈道为中心,植物造景也依托水体和栈道布置(图 4-53)。植物种类主要有池杉、桑树、乌桕、龙柏、枫杨、香樟、麦冬、鸢尾、红花酢浆草等。

图 4-53 武汉东湖落雁景区实景(二)

(3)休息亭旁植物配置

半岛南端的小广场是最佳的观湖场地,设置休息亭作为休憩设施的同时,也为此处的节点景观。植物配置延续池杉栈道风格,成片的大规格池杉、乌桕和龙柏或开或合进行组合,留出足够的疏朗草坪为人们提供活动和观景空间,也让视野更加开阔。主要植物种类为池杉、垂柳、乌桕、枫杨、桧柏、香樟、丰花月季等。

(4)大草坪植物配置

半岛中部为占地约为 1hm^2 的大面积草坪空间,植物造景总体上呈现四周密、中间疏的格局,虽然植物种类不多,但通过不同的种植方式和不同组合,以及大规格乔木的应用,形成别具特色的植物景观,主题突出且特色鲜明。据不完全统计,上层乔木约9种,中下层植物18种,其中12种为春季观花或者秋季观叶植物。可见,上层植物对于统一基调,体现景观连续性具有突出作用,种类不宜多,中下层植物作为观赏焦点,集中展示某一季节的植物景观,可使主题突出,特色鲜明。草坪上点缀的大乔木更是植物景观的点睛之笔,是最受游人欢迎的林下休憩场地。植物种类主要有三角枫、栾树、苦楝、无患子、桂花、香樟、湿地松、黄连木、石榴、紫薇、鸡爪槭等(图4-54、图4-55)。

图4-54　武汉东湖落雁景区实景(三)

图4-55　武汉东湖落雁景区实景(四)

(5)鸳鸯合欢植物配置

本场地植物较为茂密,林间小路穿梭密林之中,乔木以独干和丛生的阔叶大树为主,并在小路途经之地间断式打开林窗,让阳光洒进来。走过密林进入滨水空间,视线豁然开朗,增加游览趣味性。植物种类主要有香樟、国槐、栾树、合欢、石楠等(图 4-56)。

图 4-56　武汉东湖落雁景区实景(五)

4.4.1.4　案例 29(MS-4)

地点:孝感槐荫公园景观

面积:约 70000m^2

孝感拥有独一无二的"孝文化"传统,槐荫公园(图 4-57)巧妙建设了二十四座蕴含二十四孝的文化雕塑,构成"明二十四景,暗二十四孝"的景观,凸现"一主二辅三兼顾"特征(以董永卖身葬父为主,黄香扇枕温衾、孟宗哭竹生笋为辅,兼顾其他二十一孝)。公园位于孝感东城新区,面积达 124 万 m^2,绿地率达 85% 以上,植树茂盛、生机盎然、郁郁葱葱,已成为孝感最具景观价值的大型城市生态公园。案例地块为临近孝感东站的公园北部东侧绿地,面积约 7hm^2。

该地块水系蜿蜒曲折,以堤、岛、桥的形式划分空间,增加了观景层次感,在植物造景上,也尽量结合堤岛的形式,以点、线性质的植物景观串联水系周边环境,除了水体本身的走向形成的透景线外,整体围合感强,主体水面空间内心性明显。

水体沿线的植物以乌桕、垂柳、杜英、枫杨、三角枫、水杉为主,近 20m 高的水杉和池杉与各类乔木形成高低起伏的林冠线。而合欢、紫薇、鸡爪槭、紫荆等增加了中层的变化,点植的高大孤植树也提升了空间的丰富度。荷花等水生植物亭亭玉立,搭配多品种的水生花卉,使水面层次丰富、虚实相济、形影相衬。岸边栽植的醉鱼草、木芙蓉等延长了植物景观的观赏期。

以下对槐荫公园该地块的滨水景观作一简单分析。

图 4-57 槐荫公园北部地块平面图

（1）滨水园路植物配置

园区的滨水区域设置了完善的游园道路交通系统，人们可以沿着滨水道路环绕公园一周，园路距离水面较近（图 4-58）。场地最大的特色是植物与地形的结合，地形舒缓，多为缓坡草岸入水，种植结构上以乔木和低矮草坪为主，这为游人提供了遮阴功能之外，还成为林下休憩、露营的理想场地，为多种活动提供可能。乔木树种主要有枫杨、垂柳、乌桕和合欢等。

（2）主园路植物配置

主园路（图 4-59）两侧打开观景视野，一侧为成片的少量品种组成的乔木林，另一侧适当流出草坪空间，局部点缀红叶石楠球、海桐球、南天竹等中下层植物增加变化，并栽植了较多的杆径大于 25cm 的景观大树，独木成景，或者三五成趣，高大乔木选用树形优美、具有季相变化的树种为主，如三角枫、乌桕等。主园路两侧的地形非常平缓，配合疏朗的植物空间，开阔的视野给人带来心情上的舒适。

图4-58　孝感槐荫公园实景(一)

图4-59　孝感槐荫公园实景(二)

（3）节点和木桥植物配置

该地块(图4-60)有3处由园路交会处形成的景观节点,均以植物景观为主进行打造。与园区疏朗纯林的种植风格稍有变化,选用多种开花植物丰富场地景观,搭配景石成为视觉焦点。节点以成片的绿色树林为背景,更显花卉的娇艳。衔接绿地和岛屿之间的木桥隐藏在杉林之中,高耸的水杉郁郁葱葱,搭配旱伞草、芦竹等水生植物,形成绿意盎然的植物景观。主要植物种类有池杉、杜英、香樟、孔雀草、一串红、芦竹、芦苇、旱伞草等。

（4）岛屿水岸植物配置

岛屿水岸(图4-61)以成片的矮蒲苇、再力花、美人蕉、芦苇等水生植物为主,重视季相的观赏效果,春夏开花的鸢尾、千屈菜、再力花、美人蕉,秋季开花的矮蒲苇、芦竹、细叶芒等观赏草,给予水岸丰富的观景效果。

图 4-60　孝感槐荫公园实景(三)

图 4-61　孝感槐荫公园实景(四)

4.4.2　陆地

面状组合式景观往往表现为较大的空间范围,依据其空间的开敞程度,一般呈"树林+草坪"或是"树林"的形式。在植物造景中具体表现为怎样的风格,其内在又有怎样的数量关系? 或许可以从杭州地区的几个实例发现一些端倪。

4.4.2.1　案例 30(ML-1)

地点:花港观鱼雪松大草坪

面积:约 14080m²

雪松大草坪(图 4-62)是花港观鱼公园内最大的草坪活动空间,以高大挺拔的雪松作为主要的植物材料,在体量上相互衬托,十分匹配,而雪松灰绿色的色调也利于视觉空间的拓展。

图 4-62　花港观鱼雪松大草坪平面图

图例
◉ 雪松
○ 香樟
◉ 枫香
◉ 无患子
◉ 樱花
○ 茶梅
○ 鸡爪槭
◉ 桂花
○ 紫薇
✳ 火棘

雪松单一树种的集中种植体现树种的群体美;适当的缓坡地形,更强调了雪松伟岸的树形。四角种植的方式,既明确限定了空间,又留出了中央充分的观景空间和活动空间,景观效果与功能都得到了极大的满足。为强调公园的休闲性质、适当缓和雪松围合形成的震慑气氛,设计者在西侧的雪松林缘错落种植了樱花,春季景观效果突出;在中央则种植了香樟+无患子+枫香(乐昌含笑+北美红杉)—桂花+茶梅—大叶仙茅+麦冬的一组植物,秋色迷人。该组植物岛状点缀于草坪中央,自主路望去,成为主景;自草坪东西两头望去,则划分了草坪空间,增加了长轴上的层次,延长了景深。无患子、枫香的秋色叶为整个草坪空间增加了绚烂,桂花的香味则拓展了植物景观的层次。或许为了使该草坪空间增加夏季景观,在东侧靠近翠雨厅附近的列植雪松间,增添了火棘与紫薇的组合。植物造景中考虑季相变化、兼顾四季景观是非常重要,但也不应一味强求、面面俱到,否则不仅特色无法体现,而且因植物材料供应的限制,难免千园一貌。由于雪松本身高大的塔形树冠对该空间已经具有非常强的统率力,组团式孤植两三株小乔木,是很难与其取得协调的。总体而言,雪松大草坪是非常成功的植物造景实例,设计者以大量的常绿针叶树种围合空间,奠定了雄浑的气势,体现出南方少有的硬朗,又在局部穿插具有本地特色的代表树种和观花树种,表现刚柔并济的植物景观效果,不得不让人为植物的美所折服(图 4-63、图 4-64、表 4-28)。

图 4-63　花港观鱼雪松大草坪南侧主路

图 4-64　花港观鱼雪松大草坪东西两头景观

表 4-28   案例 30 植物汇总

植物种类	学名	科	属	数量	生活型	类型	形态	胸径/cm	冠幅/m	高度/m
雪松	*Cedrus deodara*	松科	雪松属	42 株	乔木	常绿	单干	51.7	11.9	16.7
香樟	*Cinnamomum camphora*	樟科	樟属	4 株	乔木			60.8	15.7	15.2
无患子	*Sapindus saponaria*	无患子科	无患子属	4 株	乔木	落叶	单干	30.8	10.9	9.7
枫香	*Liquidambar formosana*	金缕梅科	枫香属	5 株	乔木	落叶	单干	28.8	7.1	13.9
乐昌含笑	*Michelia chapensis*	木兰科	含笑属	2 株	乔木	常绿	单干	17	2.5	2.8
北美红杉	*Sequoia sempervirens*	杉科	北美红杉属	2 株	乔木	常绿	单干	15	3.7	6.9
桂花	*Osmanthus sp.*	木樨科	木樨属	39 株	乔木	常绿	多干	18.8	4.2	4.5
鸡爪槭	*Acer Palmatum*	槭树科	槭树属	3 株	乔木	落叶	单干、多干	12	4.1	3.2
紫薇	*Lagerstroemia indica*	千屈菜科	紫薇属	3 株	灌木	落叶	单干	8.7	1.3	1.8
火棘	*Pyracantha fortuneana*	蔷薇科	火棘属	1 丛	灌木	常绿	丛生	—	2.2	1.4
凤尾兰	*Yucca gloriosa*	百合科	丝兰属	9 头	灌木	常绿	丛生		1.5	1.3
茶梅	*Camellia sasanqua*	山茶科	山茶属	24 株	灌木	常绿	单干		0.7	0.6
紫金牛	*Ardisia japonica*	紫金牛科	紫金牛属	10m²	小灌木	常绿	丛生	—	—	0.3
大叶仙茅	*Curculigo capitulata*	石蒜科	仙茅属	10m²	草本	常绿	丛生			0.4
羊齿天门冬	*Asparagus filicinus*	百合科	天门冬属	10m²	草本	常绿	丛生			0.4
沿阶草	*Ophiopogon bodinieri*	百合科	沿阶草属	10m²	草本	常绿	丛生			0.2
麦冬	*Ophiopogon japonicus*	百合科	山麦冬属	10m²	草本	常绿	丛生			0.2
红花酢浆草	*Oxalis corymbosa*	酢浆草科	酢浆草属	10m²	草本	常绿	丛生			0.2

4.4.2.2   案例 31(ML-2)

地点:花港观鱼南门入口草坪

面积:约 4730m²

位于花港观鱼南门入口草坪(图 4-65)是以欣赏秋色为主的活动空间,面积不大,但通过林缘线的变化,使空间收放适宜,较好地体现了植物在空间构成中的作用。

　　岛状布置的一组植物位于主要的透景线尽头,团状结构的较小体量,划分层次,并在视觉上拓展了空间范围。植物造景中立体多层次的植物配置,起到了很好的阻隔视线的作用,特别是中层常绿成分——洒金东瀛珊瑚、桂花的应用,使空间界定明确。林缘配置的鸡爪槭、红枫由于对光的需求,树形自然偏向开敞的草坪空间,飘逸自然。林中乡土树种的密植,利用其相互间的竞争,优胜劣汰,形成较好的背景。在该处草坪空间中,随着行进不断转换的视角引导视线从不同角度观赏该组植物造景。总体而言,该组植物景观种类丰富、结构合理、季相分明、养护简易、效果稳定,其林缘的处理是其最精彩之处。

图例
枫杨
无患子
枫香
紫楠
浙江楠
乐昌含笑
鸡爪槭
石楠
红叶李
桂花

图 4-65　花港观鱼南门入口草坪平面图

以下为不同视角所观赏到的组团景观(图 4-66),案例 31 植物汇总见表 4-29。

图 4-66　花港观鱼南门入口实景

表 4-29   案例 31 植物汇总

植物种类	学名	科	属	数量	生活型	类型	形态	胸径/cm	冠幅/m	高度/m
无患子	*Sapindus saponaria*	无患子科	无患子属	10 株	乔木	落叶	单干	28.3	9.2	10.9
紫楠	*Phoebe sheareri*	樟科	楠属	14 株	乔木	常绿	单干	16.4	4.6	8.2
浙江楠	*Phoebe chekiangensis*	樟科	楠属	16 株	乔木	常绿	单干	13.5	5.8	4.9
浙江润楠	*Machilus chekiangensis*	樟科	楠属	6 株	乔木	常绿	单干	14.1	3.4	4.6
乐昌含笑	*Michelia chapensis*	木兰科	含笑属	4 株	乔木	常绿	单干	12.3	3.6	6.3
枫香	*Liquidambar formosana*	金缕梅科	枫香属	2 株	乔木	落叶	单干	25.2	6	10.3
枫杨	*Pterocarya stenoptera*	胡桃科	枫杨属	5 株	乔木	落叶	单干	43.7	12.5	21.3
石楠	*Photinia serrulata*	蔷薇科	石楠属	1 株	乔木	常绿	多干	16	4.8	3
桂花	*Osmanthus sp.*	木樨科	木樨属	34 株	乔木	常绿	多干	14.2	4	4.1
红叶李	*Prunus cerasifera*	蔷薇科	梅属	11 株	乔木	落叶	单干	9.6	3.1	3.3
鸡爪槭	*Acer Palmatum*	槭树科	槭树属	31 株	乔木	落叶	单干、多干	15.2	4	4
洒金东瀛珊瑚	*Aucuba japonica var. variegata*	山茱萸科	桃叶珊瑚属	69 丛	灌木	常绿	丛生	—	2.1	1.7
长柱小檗	*Berberis lempergiana*	小檗科	小檗属	35 丛	灌木	常绿	丛生	—	1.4	1.1
十姐妹	*Rosa multiflora*	蔷薇科	蔷薇属	3 株	灌木	落叶	丛生	—	1.6	1.5
棣棠	*Kerria japonica*	蔷薇科	棣棠属	18 丛	灌木	落叶	丛生	—	0.9	1.1
绣线菊	*Spiraea salicifolia*	蔷薇科	绣线菊属	5 丛	灌木	落叶	丛生	—	1.2	1.1
南天竹	*Nandina domestica*	小檗科	南天竹属	10m²	灌木	常绿	丛生	—	0.6	0.5
杜鹃	*Rhododendron simsii*	杜鹃花科	杜鹃花属	10m²	灌木	落叶	丛生	—	0.3	0.3
狭叶十大功劳	*Mahonia fortunei*	小檗科	十大功劳属	10m²	灌木	常绿	丛生	—	2	0.8
棕榈小苗	*Trachycarpus fortunei*	棕榈科	棕榈属	20m²	灌木	常绿	丛生	—	1	0.9
沿阶草	*Ophiopogon bodinieri*	百合科	沿阶草属	50m²	草本	常绿	丛生	—	—	0.2

植物种类	学名	科	属	数量	生活型	类型	形态	胸径/cm	冠幅/m	高度/m
中华常春藤	*Hedera nepalensisvar*	五加科	常春藤属	50m²	藤本	常绿	丛生	—	—	0.2
葱兰	*Zephyranthes candida*	石蒜科	葱兰属	10m²	草本	常绿	丛生	—	—	0.3
吉祥草	*Reineckia carnea*	百合科	沿阶草属	50m²	草本	常绿	丛生	—	—	0.2
麦冬	*Ophiopogon japonicus*	百合科	山麦冬属	50m²	草本	常绿	丛生	—	—	0.2
二月兰	*Orychophragmus violaceus*	十字花科	诸葛菜属	10m²	草本	夏绿冬枯	丛生	—	—	0.4
红花酢浆草	*Oxalis corymbosa*	酢浆草科	酢浆草属	10m²	草本	常绿	丛生	—	—	0.2

4.4.2.3 案例32（ML-3）

地点：花港观鱼牡丹亭景区

牡丹亭景区(图 4-67)是花港观鱼的主景之一,也是整个公园立面构图的中心。除展示牡丹品种外,其植物配置还要求"多方景胜",不因牡丹的荣落而影响游人四季的玩赏。在艺术构图上,要求突出牡丹这一品种的姿容艳丽,增添欣赏牡丹的画意情趣(杭州市园林管理局,1981)。故以中国自然山水园的画本为据,采用与山石结合的自然式配置手法,对花木的大小、高低、俯仰、盘曲等树姿作了严格的选择,模拟自然界断崖残壁上的树木形态,选择盘曲多姿的古木苍松,以增加假山缩影的错觉。牡丹亭景区的植物配置重形、重姿、重色,既追求个体的观赏价值,亦通过组合形成整体的风貌,特色鲜明。

在植物种类的选择上,由于牡丹夏季忌强烈日晒,需要有适当的庇荫,但为与山石配合,不宜栽种高大乔木;为兼顾四季景观,则宜多配置常绿树和色叶树;为突出牡丹的娇艳,选择配景花木的花期宜避免与牡丹一同开。基于以上的考虑,牡丹亭景区主要采用的配景树为:槭树类(鸡爪槭、红枫、羽毛枫、红羽毛枫等)、松类(赤松、白皮松、五针松、黑松等)、梅花、杜鹃、铺地柏、龙柏、构骨、紫藤、茶梅、南天竹、鸢尾类、爬藤类(中华常春藤、络石、金银花等)、沿阶草等,为延长花期还配植了大量的芍药,但多栽种于周边,以免干扰主题。

为更好地引导欣赏该景区,不仅在南入口安排了一组植物景观(详见 DL-3)作为前导,留出了集散空间欣赏全貌,还用曲折的小路将整座石山划分为十余个小区,既可以保护植物免遭践踏,又可以近距离地欣赏牡丹和其他植物的姿容。而该景区又借密林区以麻栎为主的自然山林为背景,对比、烘托了前景,具有较好的观赏效果。

牡丹亭景区总体植物配置主题突出,时时有景可赏,处处有景可观,继承传统植物造景手法与意境为现代公园植物造景服务。其植物配置模式与手法可作为小面积园林、庭院或局部造景的典范。

图 4-67　花港观鱼牡丹亭景区实景

4.4.2.4　案例 33(ML-4)

地点:花港观鱼悬铃木——合欢草坪

面积:约 2150m²

该组植物造景(表 4-30、图 4-68)在同一草坪空间中种植由合欢、悬铃木构成的两组纯林式树丛,随时间演变体现不同的景观效果,体现了园林种植设计之初对近、中、远期景观的统筹兼顾。

在 1981 年完成的对杭州园林植物配置的研究中提到:面积 2150m² 地形呈东南向倾斜,四周以树木围成较封闭的空间。主景为自由栽植的 5 株合欢树,位于草坪的最高处。主景树对面坡下为 9 株悬铃木(杭州市园林管理处,1981)。

表 4-30　　　　　　　　　　　　案例 33 植物汇总

植物种类	学名	科	属	数量	生活型	类型	形态	胸径/cm	冠幅/m	高度/m
悬铃木	*Platanus acerifolia*	悬铃木科	悬铃木属	7 株	乔木	落叶	单干	62.7	15.5	27.6
合欢	*Albizia julibrissin*	豆科	合欢属	6 株	乔木	落叶	单干或多干	24.1	9	14.4

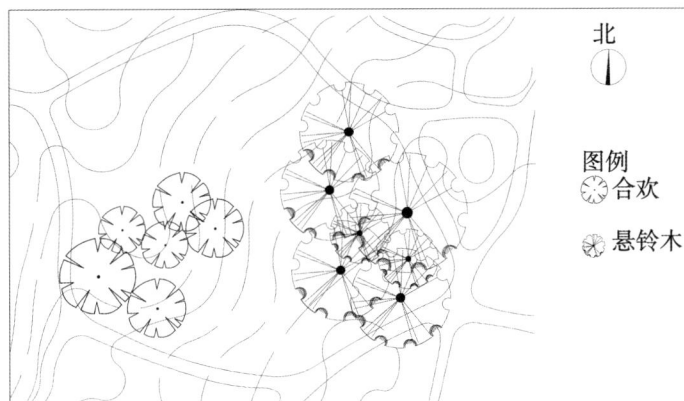

图 4-68　花港观鱼南门入口草坪

又经过 20 多年以后,该处的景观格局又发生了变化,不仅表现为数量上的增减,也体现在主景的变更上。由于合欢体量较小,树高一般不过 16m 左右,虽有将近 2.5m 地形抬高,但与成年悬铃木相比,在高度与冠幅上都不具优势。这样的配置方式,使在目标主景形成以前也能保证良好的景观效果。其设计者也在论著中谈及类似的设计理念:在用一般苗木(3～5 年生苗木)建园的园林种植设计时,作为孤植树的设计,常常在同一草坪或同一园林局部中,设计两套孤植树,一套是近期的,另一套是远期的。远期的孤植树,在近期可 3～5 棵成丛种植,近期作为灌木丛或小乔木树丛来处理,随着时间的演变,把生长势强的、体形合适的保留下来,把生长势弱的、体形不合适的移出。

总体而言,该组植物景观以简单的树种形成了持续变化、效果强烈的主景,其配置手法值得借鉴。

4.4.2.5　案例 34(ML-5)

地点:柳浪闻莺枫杨林

面积:约 3000m²

枫杨为乡土树种,从苗木价格、观赏价值而言,该树种并不具有突出的优势。但柳浪闻莺群植的枫杨随着树龄的增长,自然郁闭成林,冠盖相接,成为草坪上的主景,其林下也提供了适宜各个季节活动的空间。枫杨林生长健壮、野性十足,具有自然之趣,且管理维护成本低。目前,随着 2002 年南线景观的整合,林下适当点缀常绿或开花的灌木、地被,增加近景,可进一步吸引人观赏停留(表 4-31、图 4-69)。入口处间植常绿乔木,丰富了局部林相变化,也为香樟提供了适宜的生长空间,总体景观效果较为理想。

表 4-31　　　　　　　　　　案例 34 植物汇总

植物种类	学名	科	属	数量	生活型	类型	形态	胸径/cm	冠幅/m	高度/m
枫杨	*Pterocarya stenoptera*	胡桃科	枫杨属	29株	乔木	落叶	单干	52.6	13.7	22.3
香樟	*Cinnamomum camphora*	樟科	樟属	2株	乔木	常绿	单干	38.6	7.7	14.9
杜鹃	*Rhododendron simsii Planch.*	杜鹃花科	杜鹃花属	50m²	灌木	落叶	丛生	—	0.4	0.6
八角金盘	*Fatsia japonica*	五加科	八角金盘属	100m²	灌木	常绿	丛生	—	0.9	0.8
沿阶草	*Ophiopogon bodinieri*	百合科	沿阶草属	25m²	草本	常绿	丛生	—	—	0.3

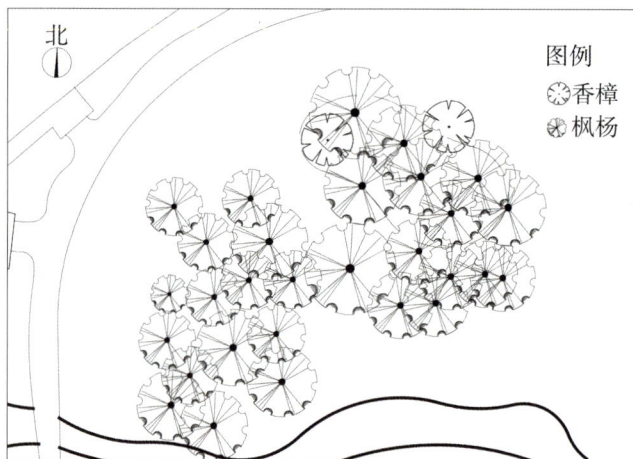

图 4-69　花港观鱼南门入口草坪

4.4.2.6　案例 35(ML-6)

地点:曲院风荷水杉林

曲院风荷水杉林(表 4-32、图 4-70、图 4-71)对于统一全园外貌,营造适于赏荷的总体环境,体现公园特色具有突出的作用。经过 20 多年的逐步改造,其水杉林整体已呈现自然、成熟的外貌,选择不同位置的水杉林采用样方法进行调查,可以发现植株间距对于林内个体胸径的分化具有决定性的作用,而对于高度的影响较小。

A 样方内分化程度较小,极限值与平均值之间差异较小,个体之间长势比较均匀;B 样方内则由于距离较小,相对较密,出现了较大的分化;C 样方内有一条小溪穿越,故个别植株获得了较大的生长空间,但总体仍为比较密集的种植;D 样方亦为密林。可以发现,对于水杉个体而言,2~3m 的间距可以形成密林的效果,3~4m 可郁闭成林,但个体间分化不大。因此,适当的密度可以增加植物间的竞争,使其出现自然分化,模拟自然界优胜劣汰的自然规律,产生"虽由人作,宛自天开"的植物景观。

表 4-32 案例 35 植物汇总(一)

编号	植物种类	胸径			间距			平均高度	数量(株/100m²)
		最大	最小	平均	最大	最小	平均		
A	水杉1	38.8	31	32.9	5	1.8	3.5	26.6	12
B	水杉1	29.3	9.7	20.6	3.5	1	2	25.7	29
C	水杉2	43.6	9.5	20.9	4	1	2.5	27.2	19
D	水杉1	30.1	10.6	22.4	2.5	0.9	2.2	26.1	31

注:1 为林中;2 为林中小溪附近。

图 4-70 水杉林外貌

图 4-71 水杉林内部景观

地点：植物园、宝石山香樟林

株距对于林植景观而言，具有决定性的限制。在调查中发现，由于采用不同的株间距，即使同一树种，也会形成完全不同的景观。分别位于植物园樱花碧桃园和分类园的两处香樟林，由于采用了不同的配置方式，形成差异明显的林植景观（表4-33）。在调查中还对宝石山北坡自然生长的密林采用样方法进行调查，以作比较，分析其特征数值与景观之间的联系。

表 4-33　　　　　　　　　　案例 35 植物汇总（二）

植物种类	胸径/m			冠幅/m			平均高度/m	间距/m			多度
	最大	最小	平均	最大	最小	平均		最大	最小	平均	
香樟1	77	40.5	56	17	9	13.1	20	6	3.8	5	5
香樟2	81.5	59.2	66.4	19.8	10.6	17.1	17.1	22.4	6.7	14.1	1
香樟3	31.5	9.1	21.2	7.1	3.2	13.6	13.6	5.2	1.2	2.7	13

注：1为分类园香樟林；2为樱花碧桃园香樟林；3为宝石山香樟林。

可以发现，在比较稳定的林植环境中，植物间由于相互竞争，在高度上分化不大，呈现相对统一的外貌；间距对于植物个体的分化起关键性的作用。由于香樟自然个体较大，5m 以上的间距对于香樟个体而言其生长基本良好，可以自然郁闭成林，并具有较大的分化效果；随着间距的增大或减小，则其个体趋于一致。

4.4.3　小结

在面状组合式植物造景中，主题的确立对于材料的选择与种植形式具有决定作用，而在这类植物造景中，主题往往借助植物形成，如太子湾的春景、花港观鱼的雪松大草坪等。

在具体的设计手法上，由于大面积的植物景观可以分解为局部的点与线，故在细节设计上可参照前两类。但大面积的植物景观之所以成为一个整体，其关键在于统一的面貌，1～2 种植物，特别是乔木的反复运用可以使景观具有完整性和统一感。这类植物在多种植物造景中被称为基调树种，如案例 30 中的乐昌含笑、案例 31 中的水杉等；在开敞空间中的集中运用可以构成局部空间的主景，如案例 33 中的悬铃木；而单一树种的大面积种植则自然成林，如案例 35、36 中的水杉、香樟等。可见在本类植物造景中，确立主调、定下基调对于形成不可分割的植物景观具有关键性的作用。

4.5　本章小结

4.5.1　种类

在调查的各类植物造景中,植物种类的多少与植物景观的结构间也存在着一定的联系。1～3种植物组成的14个植物造景案例中仅1例为点状独立式植物景观,有10例为线状序列式植物景观(表4-34)。结合具体的案例可以发现较少植物种类的植物造景适合在开敞空间中观赏群体美,并较易形成直线或曲线式的序列变化,在统一中体现节奏与韵律。而由3种以上的植物种类所形成的植物景观包括了90%的点状独立式植物造景,可见在小面积、小尺度的植物造景过程中,并不意味着物种丰富度的降低,而是要小中见大,通过控制植物的体量和巧妙的安排,使植物景观具有更好的多样性和观赏性。

表 4-34　　　　　　　　　　　　　各案例植物种类数量

案例编号	种类	案例编号	种类	案例编号	种类
案例 12(XS-2)	1	案例 22(XL-4)	3	案例 26(MS-1)	10 种以上
案例 20(XL-2)	1	案例 25(XL-7)	3	案例 27(MS-2)	10 种以上
案例 24(XL-6)	1	案例 5(DS-5)	4	案例 28(MS-3)	10 种以上
案例 35(ML-6)	1	案例 1(DS-1)	5	案例 29(MS-4)	10 种以上
案例 36(ML-7)	1	案例 34(ML-5)	5	案例 32(ML-3)	10 种以上
案例 6(DL-1)	2	案例 3(DS-3)	6	案例 10(DL-5)	10 种以上
案例 11(XS-1)	2	案例 7(DL-2)	6	案例 15(XS-5)	10 种以上
案例 23(XL-5)	2	案例 17(XS-7)	7	案例 8(DL-3)	10 种以上
案例 33(ML-4)	2	案例 4(DS-5)	8	案例 19(XS-9)	10 种以上
案例 13(XS-3)	3	案例 9(DL-4)	8	案例 2(DS-2)	10 种以上
案例 14(XS-4)	3	案例 16(XS-6)	10	案例 30(ML-1)	10 种以上
案例 21(XL-3)	3	案例 18(XS-8)	10	案例 31(ML-2)	10 种以上

4.5.2　高度与层次

植物景观的垂直结构主要体现在高度的变化上。在对植物景观的评价中,经常用到层次分明这样的评语,但对于度的把握却因人而异,较难把握。调查过程中,通过分析数据,可以发现其一般具有较清晰的结构或较突出的立面效果,故尝试从景观角度对层次的划分做个探讨。由于点、线是空间中的基本形态,而木本植物的高度变

化对层次的影响较大,因此把点、线植物景观各案例中的木本植物作为研究的对象。

具体的做法是分别计算各个案例中各种木本植物的平均高度,然后按米为一个单位,分为24个级;统计这些平均高度的出现频率,并绘制累计频率曲线;最后以累积频率不超过25%、25.1%~74.9%和不低于75%的出现高度作为划分低、中、高层次的高度范围(图4-72、图4-73)。

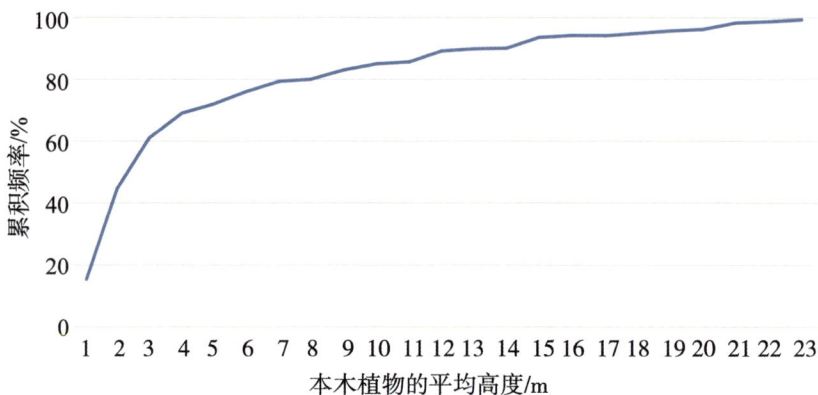

图 4-72　点状独立式植物造景高度累积频率曲线

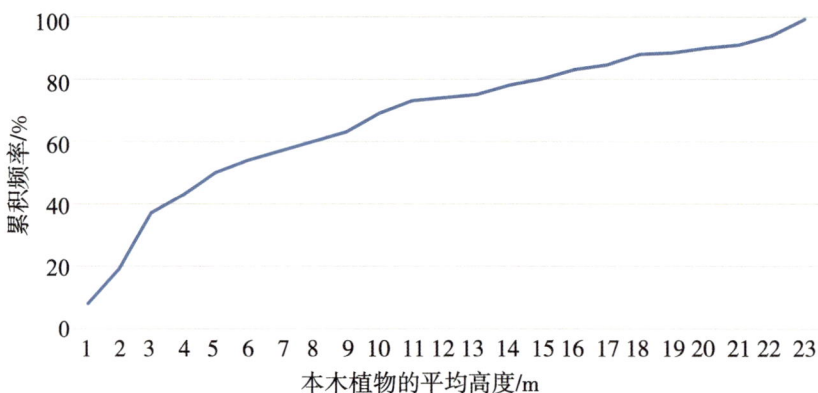

图 4-73　线状序列式植物造景高度累积频率曲线

对于点状独立式景观而言,其划分结果为:低层(<0.9m),中层(1~5.9m),高层(6m 上);对于线状序列式植物造景,其划分结果为:低层(<1.9m),中层(2~11.9m),高层(12m 以上)。

在层次划分上的差别说明在实际研究中对这两类景观的竖向处理手法应有所不同。比较这两类植物景观的层次划分,可以发现其主要区别在于中层的高度。这主要是因为点状独立式景观的面积一般较小,在 500m² 以下,通常作为近景进行设计,故考虑人视角、视距的限制,对于高度的感知会有所限制,在统计中发现 6m 以下集中了 74.07% 的物种,故其中层高度的上限较低。在今后的设计中也应注意这方面的启示,应重点丰富 6m 以下的植物景观,渲染近景。当然,为拉开层次,6m 以上则自由度较大,几乎可种植各类乔木,当然,高大乔木对于强化层次必然具有更好的作用,在调查中其上层最高可达 23.8m。应该说这类景观可以通过较小的植株产生较为清晰的层次结构。

而对于线状景观而言,其物种高度的分布频率较为均匀,这与其沿长轴展开的线状结构有关,也与其相对较大的面积有关。表现完整的线状序列景观必然要求有开阔的视域和足够的视距,故在竖向空间上需要一定的高度和体量,才能被感知具有不同的层次变化。在今后设计此类景观时,在选择植物材料特别是上层植物时,必须选择至少高于 12m 的大乔木。

4.5.3 综合数量指标

在这一指标计算中,主要考虑不同的立地环境,对陆地植物景观和滨水植物景观中乔木层植物的重要值进行分类统计,得出重要值大小的排序,可以作为不同立地条件植物造景材料选择的参考(表 4-35、表 4-36)。

表 4-35　　　　　　　　　　滨水主要乔木树种重要值排序

植物种类	学名	科	属	生活型	类型	重要值
水杉	*Metasequoia glyptostroboides*	杉科	水杉属	乔木	落叶	22.19
鸡爪槭	*Acer Palmatum*	槭树科	槭树属	乔木	落叶	16.57
枫香	*Liquidambar formosana*	金缕梅科	枫香属	乔木	落叶	14.07
湿地松	*Pinus elliottii*	松科	松属	乔木	常绿	12.27
黑松	*Pinus thunbergii*	松科	松属	乔木	常绿	11.11
樱花	*Prunus subg.*	蔷薇科	梅属	乔木	落叶	9.44
红枫	*Acer palmatum*	槭树科	槭树属	乔木	落叶	9.08
垂柳	*Salix babylonica*	杨柳科	柳属	乔木	落叶	9.01
枫杨	*Pterocarya stenoptera*	胡桃科	枫杨属	乔木	落叶	8.56
河柳	*Salix chaenomeloides*	杨柳科	柳属	乔木	落叶	7.86
朴树	*Celtis sinensis*	榆科	朴属	乔木	落叶	7.63
池杉	*Taxodium distichum var. imbricatum*	杉科	落羽杉属	乔木	落叶	7.43
水松	*Glyptostrobus pensilis*	杉科	水松属	乔木	常绿	7
柳杉	*Cryptomeria japonica var. sinensis*	杉科	柳杉属	乔木	常绿	6.31
桂花	*Osmanthus sp.*	木樨科	木樨属	乔木	常绿	5.88
落羽杉	*Taxodium distichum*	杉科	落羽杉属	乔木	落叶	4.97

续表

植物种类	学名	科	属	生活型	类型	重要值
香樟	*Cinnamomum camphora*	樟科	樟属	乔木	常绿	4.66
红叶李	*Prunus cerasifera*	蔷薇科	梅属	乔木	落叶	4.46
合欢	*Albizia julibrissin*	豆科	合欢属	乔木	落叶	4.42
柿树	*Diospyros kaki*	柿科	柿属	乔木	落叶	4.11
美人茶	*Camellia hiemalis Nakai*	山茶科	山茶属	乔木	常绿	3.94
马尾松	*Pinus massoniana Lamb.*	松科	松属	乔木	常绿	3.88
无患子	*Sapindus saponaria*	无患子科	无患子属	乔木	落叶	3.52
乌桕	*Triadica sebifera*	大戟科	乌桕属	乔木	落叶	3.4
日本五针松	*Pinus parviflora*	松科	松属	乔木	常绿	2.05
黄松	*Podocarpus imbricatus*	松科	松属	乔木	常绿	1.88
白皮松	*Pinus bungeana*	松科	松属	乔木	常绿	1.83
红羽毛枫	*Acer palmatum var. dissectum*	槭树科	槭树属	乔木	落叶	1.68
梅花	*Prunus mume*	蔷薇科	梅属	乔木	落叶	0.77

　　就调查范围而言，重要滨水乔木树种 29 种，其中常绿树种 11 种，落叶树种 18 种；针叶树种 11 种，阔叶树种 18 种；色叶树种 13 种，观花树种 5 种，观果树种 1 种。主要分布于杉科、松科、槭树科、杨柳科、蔷薇科 5 个科。本研究中出现的杉科植物多为落叶树种，季相丰富，秋色美丽。且树干端直，具有相对统一的尖塔形或圆锥形的树冠，滨水配置容易与水面形成对比，形成突出的景观效果。而松科植物则以树冠、树皮、姿态等具有较大观赏价值的松属植物种类为多，且多与山石配合，模拟微缩自然，集中反映了古人"松骨苍，宜高山，宜幽洞，宜怪石一片，宜修竹万竿，宜曲涧粼粼，宜寒烟漠漠"的观赏特性。槭树科的植物叶型奇特、叶色多变、姿态潇洒，是植物造景中的重要种类之一，滨水配置亦然。杨柳科的植物较适应滨水环境，蔷薇科的植物观花价值极高。由此可见，滨水乔木的选择应更重视姿态与色彩。

表 4-36　　　　　　　陆地主要乔木树种重要值排序

植物种类	学名	科	属	生活型	类型	重要值
香樟	*Cinnamomum camphora*	樟科	樟属	乔木	常绿	29.55
雪松	*Cedrus deodara*	松科	雪松属	乔木	常绿	17.88
水杉	*Metasequoia glyptostroboides*	杉科	水杉属	乔木	落叶	17.68
桂花	*Osmanthus sp.*	木樨科	木樨属	乔木	常绿	15.37
鸡爪槭	*Acer Palmatum*	槭树科	槭树属	乔木	落叶	13.38

续表

植物种类	学名	科	属	生活型	类型	重要值
枫杨	*Pterocarya stenoptera*	胡桃科	枫杨属	乔木	落叶	13.17
垂柳	*Salix babylonica*	杨柳科	柳属	乔木	落叶	12.74
珊瑚朴	*Celtis julianae*	榆科	朴属	乔木	落叶	12.46
无患子	*Sapindus saponaria*	无患子科	无患子属	乔木	落叶	11.33
悬铃木	*Platanus acerifolia*	悬铃木科	悬铃木属	乔木	落叶	7.08
朴树	*Celtis sinensis*	榆科	朴属	乔木	落叶	7.03
麻栎	*Quercus acutissima*	壳斗科	栎属	乔木	落叶	3.63
枫香	*Liquidambar formosana*	金缕梅科	枫香属	乔木	落叶	3.45
白皮松	*Pinus bungeana*	松科	松属	乔木	常绿	3.39
浙江楠	*Phoebe chekiangensis*	樟科	楠属	乔木	常绿	3.22
紫楠	*Phoebe sheareri*	樟科	楠属	乔木	常绿	2.98
榔榆	*Ulmus parvifolia*	榆科	榆属	乔木	落叶	2.96
红叶李	*Prunus cerasifera*	蔷薇科	梅属	乔木	落叶	2.17
合欢	*Albizia julibrissin*	豆科	合欢属	乔木	落叶	1.97
湿地松	*Pinus elliottii*	松科	松属	乔木	常绿	1.86
乐昌含笑	*Michelia chapensis*	木兰科	含笑属	乔木	常绿	1.76
樱花	*Prunus subg.*	蔷薇科	梅属	乔木	落叶	1.73
河柳	*Salix chaenomeloides*	杨柳科	柳属	乔木	落叶	1.72
浙江润楠	*Machilus chekiangensis*	樟科	楠属	乔木	常绿	1.4
北美红杉	*Sequoia sempervirens*	杉科	北美红杉属	乔木	常绿	0.7
赤松	*Pinus densiflora*	松科	松属	乔木	常绿	0.61
凹叶厚朴	*Houpoea officinalis*	木兰科	木兰属	乔木	落叶	0.59
石楠	*Photinia serrulata*	蔷薇科	石楠属	乔木	常绿	0.56
红羽毛枫	*Acer palmatum var. dissectum*	槭树科	槭树属	乔木	落叶	0.48
日本五针松	*Pinus parviflora*	松科	松属	乔木	常绿	0.41
罗汉松	*Podocarpus macrophyllus*	罗汉松科	罗汉松属	乔木	常绿	0.35
圆柏	*Juniperus chinensis*	柏科	圆柏属	乔木	常绿	0.33

就调查范围而言,重要乔木树种 32 种,其中常绿树种 15 种,落叶树种 17 种;针叶树种 9 种,阔叶树种 23 种;色叶树种 12 种,观花树种 3 种,观果树种 1 种。主要分布于樟科、榆科、松科、杉科、木樨科 5 个科。樟科、松科、木樨科均以常绿乔木为主,而榆科在本地多为乡土树种。由此可见,陆地植物造景中更为重视常绿成分,这与陆

地上常需借助常绿成分划分空间,形成统一、稳定的绿色基调有较大的关系。

4.5.4 不足

首先,受时间和精力的限制,在本研究中仅就三十几个案例进行分析,其量上的限制必然对最后的结果会产生一定的影响,故只能做一些尝试性的研究,探索量化植物造景的一些手段,更准确的结果还有待于今后持续、深入的研究;其次,本研究中对于植物造景案例的选择主要参阅相关文献、专业人士意见和实地踏勘,但仍具有一定的主观性,对其的评述则主观评断居多,受限于本人在植物造景领域的修养,或许失之偏颇,如何确定更准确且行之有效的标准尚待进一步研究。

第5章 配置模块分析

5.1 植物配置模块的形成

配置模块的形成主要从以下 3 个层面来实现,分别是空间的定位及性能、空间的大小及功能和空间构造要素。

5.1.1 空间定位及性能

包括研究空间的基础条件,人的行为模式来确定空间定位,通过人体工程学研究、安全性和相关景观标准规范来确定空间的性能。依据场地的基础条件和空间定位,确定儿童游乐区、老年人活动区、综合活动区、主入口、湿地花园、特色植物园等空间定位。

5.1.2 空间大小及功能

依据空间的大小和定位明确空间的布局,绿化空间的占比,划分动静分区,同时考虑空间的光照条件和潮湿程度等环境特征,编制植物种植原则和种植特色。以此确认植物配置模块的结构类型,是采用单层、二层还是多层结构,不同的结构类型将辅助实现绿化空间的划分、动静分区,并体现种植特色。

5.1.3 空间构成要素

根据以上分析确定必选模块和可选模块,明确标准构造做法,考虑植物种植的落地性。必选模块是为满足空间的基本功能,辅助模块用于丰富场地的植物环境,必选模块和可选模块组合包可根据面积大小及形状组合搭配,灵活高效地完成该空间植物模块的组合建设。

5.2 植物配置模块的编码

本研究将依据场地定位、功能要求和光照条件、造价等因素确定置入的植物模块类型。配置模块作为代表形成该片区植物景观,不同植物模块组成的片区植物景观共同组成该场地空间的植物景观。本研究的植物配置模块的编码将从植物配置结构、光照潮湿条件和成本级别3个方面来对滨水绿化植物配置模块进行模块编码,针对相同条件下的模块后细分序号(图5-1)。植物配置模块不同使用场景的区分主要依靠植物层次丰富程度和造价水平,选用相应的配置模块。

植物配置结构	A1	A2	A3	A4	A5	A6
对应名称	单层(灌木)	单层(草本)	二层(乔草)	二层(灌草)	三层(乔灌草)	多层(复合型)

光照潮湿条件	B1	B2
对应名称	阳生潮湿	阴生潮湿

编码说明:
配置结构—光照潮湿条件—成本级别—序号

例:A5—B1—C2—01
A5:三层结构
B1:阳生潮湿环境
C2:中低成本
01:序号01

成本级别	C1	C2
对应名称	高成本	中低成本

图 5-1　模块编码说明

5.3　单层植物配置模块

单层植物结构层次单一,可以划分为灌木单层结构和地被单层结构两种类型。

灌木单层结构是采用成片的木本灌木为主体,部分点缀球类、点植灌木等植物材料进行搭配;地被单层结构是在场地内成片的矮生灌木、草花、水生植物、草坪等地被植物的结构类型。两者一般用于空间开阔、不适宜栽植乔木的场地空间。

单层植物配置模块因此可分为单层灌木结构(A1)配置模块和单层地被结构(A2)配置模块两种类型。编码结构如下:

A1/2—B1/2—C1/2—X:单层结构—光照潮湿环境—成本级别—序号

5.3.1　单层灌木结构

单层灌木结构配置模块(图5-2至图5-5)编码结构实例如下:

A1—B1—C1—01:单层灌木结构—阳生潮湿环境—高成本—序号 01

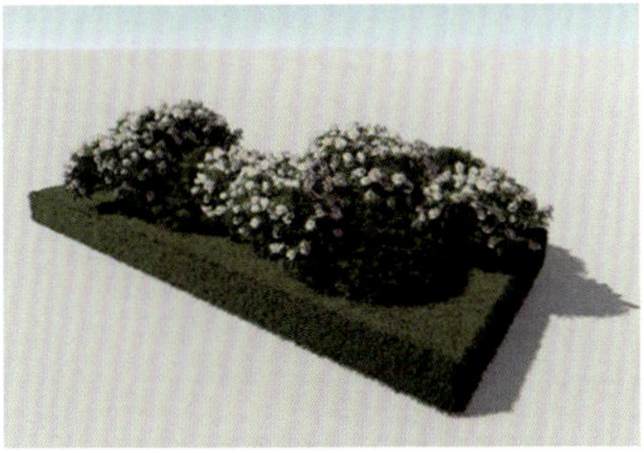

A1—B1—C1—01

A1—B1—C1—01：

单层灌木结构—阳生潮湿环境—高成本 实例

层次	类型	植物种类	数量	单价	合计
乔木层	—	—	—	—	—
灌木层	落叶	木芙蓉	18 株	900	16200
地被层	—	—	—	—	—
面积：50m²，单价 324 元，总价 16200 元					

图 5-2　A1-B1-C1-01 配置模块

A1—B1—C2—01：单层灌木结构—阳生潮湿环境—中低成本—序号 01

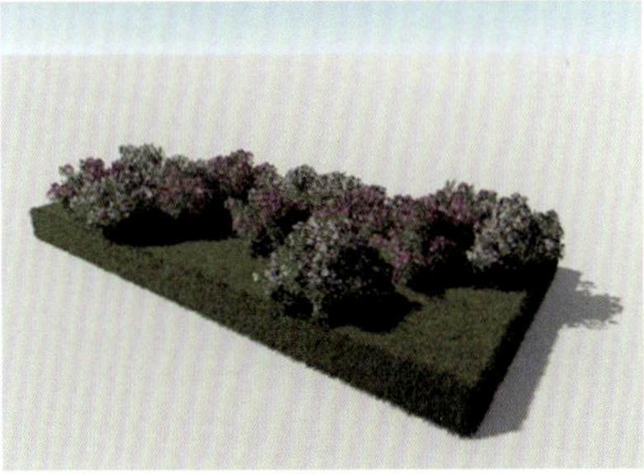

A1—B1—C2—01

A1—B1—C2—01：

单层灌木结构—阳生潮湿环境—中低成本 实例

层次	类型	植物种类	数量	单价	合计
乔木层	—	—	—	—	—
灌木层	落叶	美丽胡枝子	25 株	400	10000
地被层	—	—	—	—	—
面积：50m²，单价 200 元，总价 10000 元					

图 5-3　A1—B1—C2—01 配置模块

A1—B2—C1—01：单层灌木结构—阴生潮湿环境—高成本—序号 01

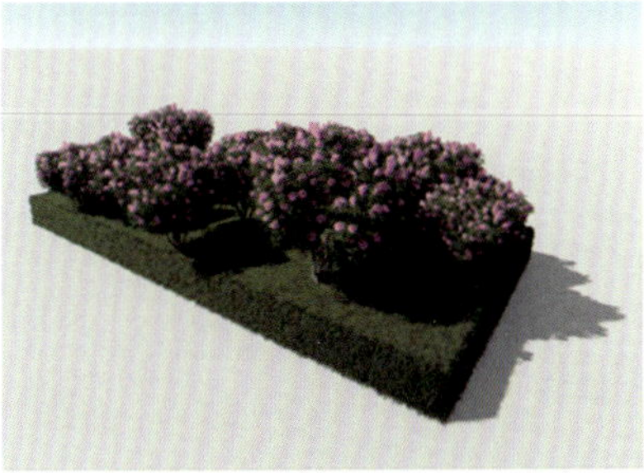

A1—B2—C1—01

A1—B2—C1—01：

单层灌木结构—阴生潮湿环境—高成本 实例

层次	类型	植物种类	数量	单价	合计
乔木层	—	—	—	—	—
灌木层	常绿	夹竹桃	15 株	1000	15000
地被层	—	—	—	—	—
面积：50m²，单价 300 元，总价 15000 元					

图 5-4　A1—B2—C1—01 配置模块

A1—B2—C2—01:单层灌木结构—阴生潮湿环境—中低成本—序号01

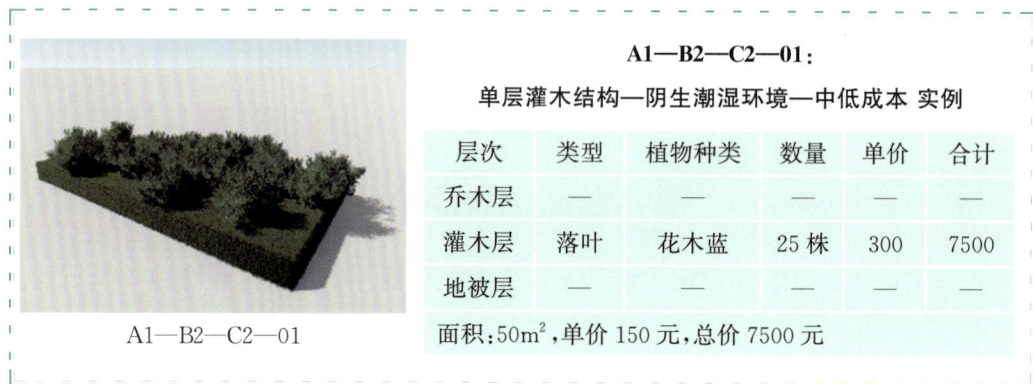

A1—B2—C2—01: 单层灌木结构—阴生潮湿环境—中低成本 实例					
层次	类型	植物种类	数量	单价	合计
乔木层	—	—	—	—	—
灌木层	落叶	花木蓝	25株	300	7500
地被层	—	—	—	—	—
面积:50m²,单价 150 元,总价 7500 元					

A1—B2—C2—01

图 5-5　A1—B2—C2—01 配置模块

5.3.2　单层地被结构

单层地被结构配置模块(图 5-6 至图 5-11)编码结构实例如下:

A2—B1—C1—01:单层地被结构—阳生潮湿环境—高成本—序号01

A2—B1—C1—01: 单层地被结构—阳生潮湿环境—高成本 实例					
层次	类型	植物种类	数量	单价	合计
乔木层	—	—	—	—	—
灌木层	—	—	—	—	—
地被层	草本	花境:菊类、观赏草类等,搭景石	50m²	400	20000
面积:50m²,单价 400 元,总价 20000 元					

A2—B1—C1—01

图 5-6　A2—B1—C1—01 配置模块

A2—B1—C2—01：单层地被结构—阳生潮湿环境—中低成本—序号 01

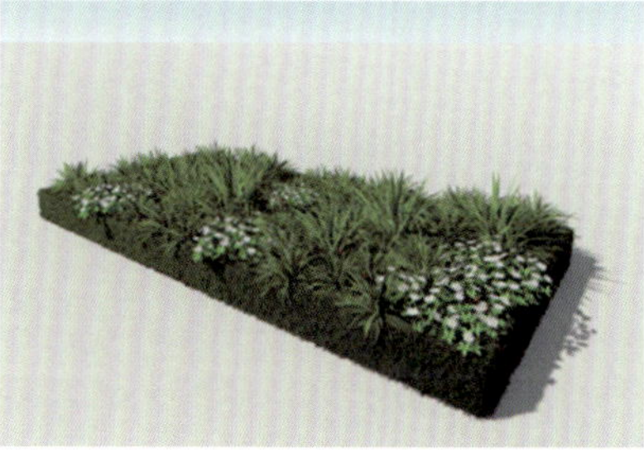

A2—B1—C2—01

A2—B1—C2—01：
单层地被结构—阳生潮湿环境—中低成本 实例

层次	类型	植物种类	数量	单价	合计
乔木层	—	—	—	—	—
灌木层	—	—	—	—	—
地被层	草本	野花组合、缀花草地等	$50m^2$	150	7500
面积：$50m^2$，单价 150 元，总价 7500 元					

图 5-7 A2—B1—C2—01 配置模块

A2—B1—C2—02：单层地被结构—阳生潮湿环境—中低成本—序号 02

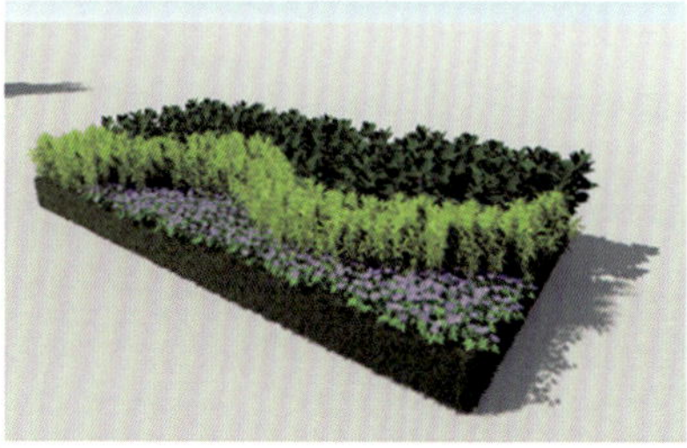

A2—B1—C2—02

A2—B1—C2—02：
单层地被结构—阳生潮湿环境—中低成本 实例

层次	类型	植物种类	数量	单价	合计
乔木层	—	—	—	—	—
灌木层	—	—	—	—	—
地被层	矮生灌木＋草木	海桐、金森女贞、宿根美女樱等	$50m^2$	200	10000
面积：$50m^2$，单价 200 元，总价 10000 元					

图 5-8 A2—B1—C2—02 配置模块

A2—B2—C1—01：单层地被结构—阴生潮湿环境—高成本—序号 01

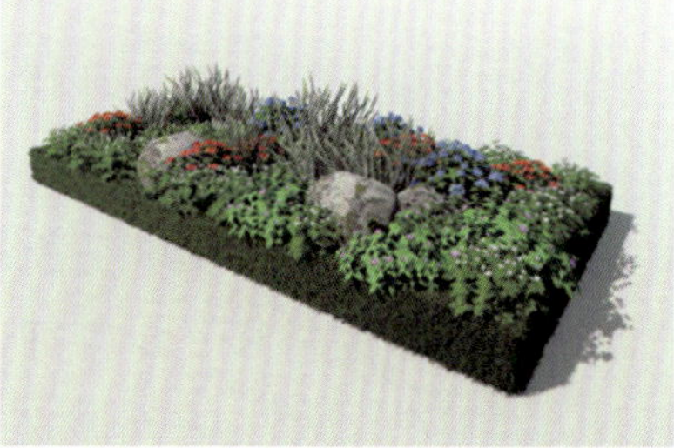

A2—B2—C1—01

A2—B2—C1—01：
单层地被结构—阴生潮湿环境—高成本 实例

层次	类型	植物种类	数量	单价	合计
乔木层	—	—	—	—	—
灌木层	—	—	—	—	—
地被层	木本＋草本	花境：八仙花、肾蕨、鸢尾，搭景石	$50m^2$	400	20000
面积：$50m^2$，单价 400 元，总价 20000 元					

图 5-9 A2—B2—C1—01 配置模块

A2—B2—C2—01：单层地被结构—阴生潮湿环境—中低成本—序号 01

A2—B2—C2—01：

单层地被结构—阴生潮湿环境—中低成本 实例

层次	类型	植物种类	数量	单价	合计
乔木层	—	—	—	—	—
灌木层	—	—	—	—	—
地被层	草本	鸢尾、石菖蒲等	50m²	150	7500

面积：50m²，单价 150 元，总价 7500 元

A2—B2—C2—01

图 5-10　A2—B2—C2—01 配置模块

A2—B2—C2—02：单层地被结构—阴生潮湿环境—中低成本—序号 02

A2—B2—C2—02：

单层地被结构—阴生潮湿环境—中低成本 实例

层次	类型	植物种类	数量	单价	合计
乔木层	—	—	—	—	—
灌木层	—	—	—	—	—
地被层	矮生灌木＋草本	八仙花、茶梅、韭兰等	50m²	250	12500

面积：50m²，单价 250 元，总价 12500 元

A2—B2—C2—02

图 5-11　A2—B2—C2—02 配置模块

5.3.3　单层植物配置模块应用场景

滨水空间常用的单层植物配置模块有：单层地被结构—阳生/阴生潮湿环境—高/中低成本（A2—B1/2—C1/2—01）等。

其中，单层地被结构—阳生潮湿环境—高成本（A2—B1—C1—01）配置模块（图 5-12）的下层地被一般是以色彩丰富、品种多样的草花为主的需要一定管理养护措施的花境，有的搭配景石，常用的较耐潮湿的阳性花卉均适宜栽植。表现形式有林缘花境、旱溪、水岸水生植物花带等。

图 5-12　A2—B1—C1—01 配置模块实景

单层地被结构—阴生潮湿环境—中低成本(A2—B2—C2—01)配置模块(图 5-13)的下层地被一般是以能够自播繁衍的宿根花卉及湿生水生草本植物为主组成的成片开阔空间,近水岸的低洼湿地适宜选用此配置模块。

图 5-13　A2—B2—C2—01 配置模块实景

5.4　二层植物配置模块

二层植物结构可以划分为乔木＋地被结构和灌木＋地被结构两种类型。

乔木＋地被结构,即乔木＋地被(草坪)结构,是通过简单的乔木层与低矮的地被或草坪进行搭配,用于表现一种简洁、通透的林下空间,空间通透、疏朗。灌木＋地被结构,即灌木＋地被(草坪)结构,是通过灌木与地被(草坪)的组合,实现视线的半阻隔。一般用于两个组团之间的过渡,空间开阔、空旷。而这些植物之间的搭配,也是有许多固定组合的。

二层植物配置模块因此可分为乔木＋地被结构(A3)配置模块和灌木＋地被结构(A4)配置模块两种类型。编码结构如下:

A3/4—B1/2—C1/2—X:二层结构—光照潮湿环境—成本级别—序号

5.4.1　乔木＋地被结构

二层乔木＋地被结构配置模块(图 5-14 至图 5-20)编码结构实例如下:

A3—B1—C1—01:二层乔木＋地被结构—阳生潮湿环境—高成本—序号 01

A3—B1—C1—01:

二层乔木＋地被结构—阳生潮湿环境—高成本 实例

层次	类型	植物种类	数量	单价	合计
乔木层	落叶	美国红枫	3	2000	6000
灌木层	—	—	—	—	—
地被层	草本	菊类、观赏草类等组成的花境	50m²	250	12500
面积:50m²,单价 370 元,总价 18500 元					

A3—B1—C1—01

图 5-14　A3—B1—C1—01 配置模块

A3—B1—C1—02:二层乔木＋地被结构—阳生潮湿环境—高成本—序号 02

A3—B1—C1—02:

二层乔木＋地被结构—阳生潮湿环境—高成本 实例

层次	类型	植物种类	数量	单价	合计
乔木层	落叶	落羽杉	10	900	9000
灌木层	—	—	—	—	—
地被层	草本	二月兰、石蒜等	50m²	150	7500
面积:50m²,单价 330 元,总价 16500 元					

A3—B1—C1—02

图 5-15　A3—B1—C1—02 配置模块

A3—B1—C2—01：二层乔木＋地被结构—阳生潮湿环境—中低成本—序号 01

A3—B1—C2—01:

二层乔木＋地被结构—阳生潮湿环境—中低成本 实例

层次	类型	植物种类	数量	单价	合计
乔木层	落叶	垂柳	2	1500	3000
灌木层	—	—	—	—	—
地被层	草本	葱兰、月见草、狗牙根草种等	50m²	150	7500

面积：50m²，单价 210 元，总价 10500 元

A3—B1—C2—01

图 5-16　A3—B1—C2—01 配置模块

A3—B1—C2—02：二层乔木＋地被结构—阳生潮湿环境—中低成本—序号 02

A3—B1—C2—02:

二层乔木＋地被结构—阳生潮湿环境—中低成本 实例

层次	类型	植物种类	数量	单价	合计
乔木层	落叶	枫杨	3	1500	4500
灌木层	—	—	—	—	—
地被层	草本	草坪	50m²	100	5000

面积：50m²，单价 190 元，总价 9500 元

A3—B1—C2—02

图 5-17　A3—B1—C2—02 配置模块

A3—B2—C1—01：二层乔木＋地被结构—阴生潮湿环境—高成本—序号 01

A3—B2—C1—01:

二层乔木＋地被结构—阴生潮湿环境—高成本 实例

层次	类型	植物种类	数量	单价	合计
乔木层	常绿	乐昌含笑或女贞	3	2600	7800
灌木层	—	—	—	—	—
地被层	草本	金叶石菖蒲、蔓长春、红花酢浆草等	50m²	200	10000

面积：50m²，单价 356 元，总价 17800 元

A3—B2—C1—01

图 5-18　A3—B2—C1—01 配置模块

A3—B2—C2—01：二层乔木＋地被结构—阴生潮湿环境—中低成本—序号 01

A3—B2—C2—01：

二层乔木＋地被结构—阴生潮湿环境—中低成本 实例

层次	类型	植物种类	数量	单价	合计
乔木层	常绿	杜英	2	2000	4000
灌木层	—	—	—	—	—
地被层	草本	麦冬、红花石蒜等	50m²	120	6000

面积：50m²，单价 200 元，总价 10000 元

A3—B2—C2—01

图 5-19　A3—B2—C2—01 配置模块

A3—B2—C2—02：二层乔木＋地被结构—阴生潮湿环境—中低成本—序号 02

A3—B2—C2—02：

二层乔木＋地被结构—阴生潮湿环境—中低成本 实例

层次	类型	植物种类	数量	单价	合计
乔木层	常绿	石楠	3	1200	3600
灌木层	—	—	—	—	—
地被层	草本	吉祥草、鸢尾等	50m²	120	6000

面积：50m²，单价 192 元，总价 9600 元

A3—B2—C2—02

图 5-20　A3—B2—C2—02 配置模块

5.4.2 灌木＋地被结构

二层灌木＋地被结构配置模块(图 5-21 至图 5-28)编码结构实例如下：

A4—B1—C1—01：二层灌木＋地被结构—阳生潮湿环境—高成本—序号 01

A4—B1—C1—01：

二层灌木＋地被结构—阳生潮湿环境—高成本 实例

层次	类型	植物种类	数量	单价	合计
乔木层	—	—	—	—	—
灌木层	常绿＋落叶	木本绣球、紫荆、穗花牡荆等	5	800	4000
地被层	草本	菊类、观察草类、搭景石等	50m²	350	17500

面积：50m²，单价 430 元，总价 21500 元

A4—B1—C1—01

图 5-21 A4—B1—C1—01 配置模块

A4—B1—C1—02：二层灌木＋地被结构—阳生潮湿环境—高成本—序号 02

A4—B1—C1—02：

二层灌木＋地被结构—阳生潮湿环境—高成本 实例

层次	类型	植物种类	数量	单价	合计
乔木层	—	—	—	—	—
灌木层	落叶	花石榴	8	800	6400
地被层	矮生灌木＋草木	十大功劳、金山绣线菊等	50m²	250	12500

面积：50m²，单价 378 元，总价 18900 元

A4—B1—C1—02

图 5-22 A4—B1—C1—02 配置模块

A4—B1—C2—01:二层灌木＋地被结构—阳生潮湿环境—中低成本—序号01

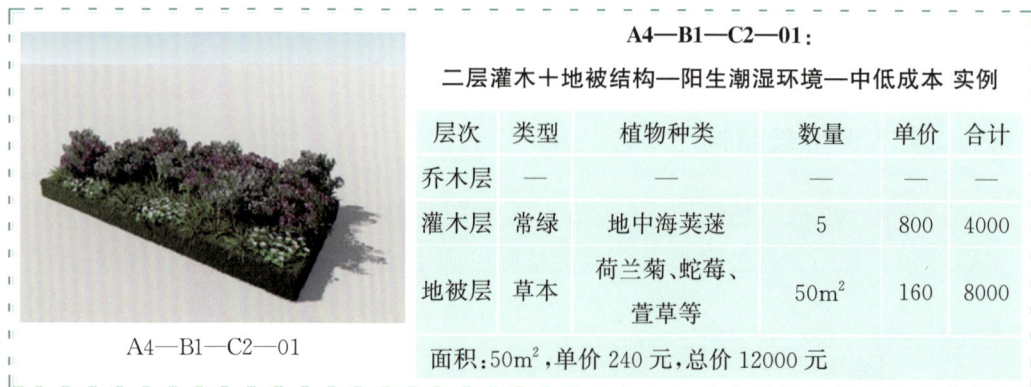

层次	类型	植物种类	数量	单价	合计
乔木层	—	—	—	—	—
灌木层	常绿	地中海荚蒾	5	800	4000
地被层	草本	荷兰菊、蛇莓、萱草等	50m²	160	8000

A4—B1—C2—01：二层灌木＋地被结构—阳生潮湿环境—中低成本 实例
面积:50m²,单价240元,总价12000元

图5-23 A4—B1—C2—01配置模块

A4—B1—C2—02:二层灌木＋地被结构—阳生潮湿环境—中低成本—序号02

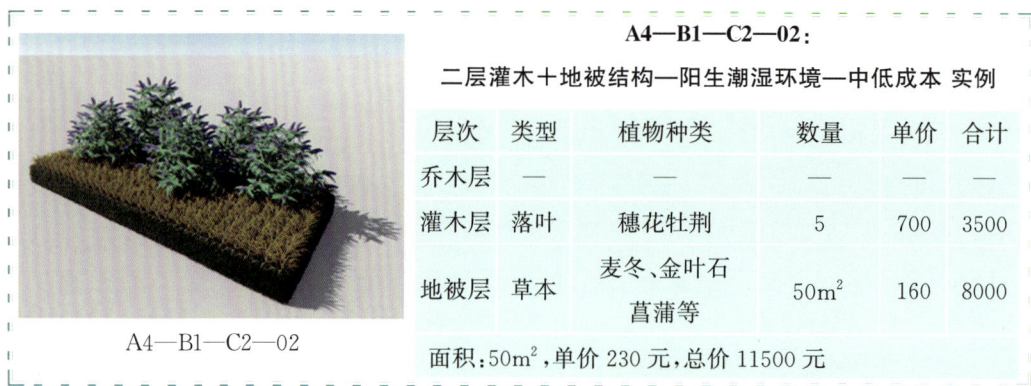

层次	类型	植物种类	数量	单价	合计
乔木层	—	—	—	—	—
灌木层	落叶	穗花牡荆	5	700	3500
地被层	草本	麦冬、金叶石菖蒲等	50m²	160	8000

A4—B1—C2—02：二层灌木＋地被结构—阳生潮湿环境—中低成本 实例
面积:50m²,单价230元,总价11500元

图5-24 A4—B1—C2—02配置模块

A4—B2—C1—01:二层灌木＋地被结构—阴生潮湿环境—高成本—序号01

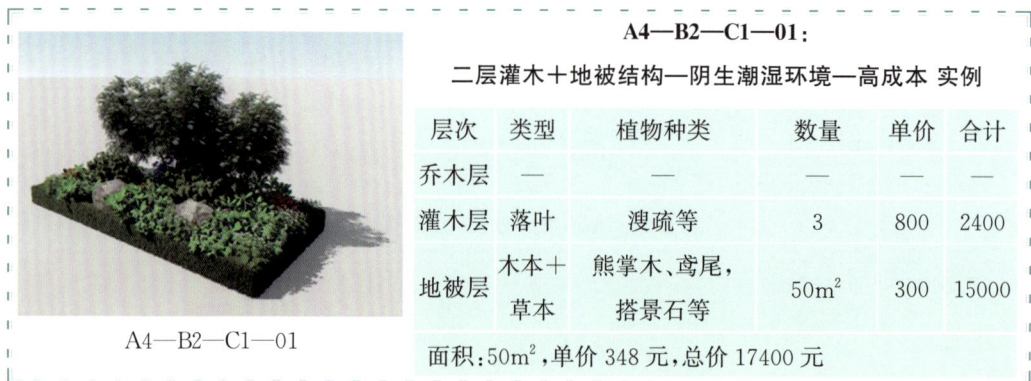

层次	类型	植物种类	数量	单价	合计
乔木层	—	—	—	—	—
灌木层	落叶	溲疏等	3	800	2400
地被层	木本＋草本	熊掌木、鸢尾,搭景石等	50m²	300	15000

A4—B2—C1—01：二层灌木＋地被结构—阴生潮湿环境—高成本 实例
面积:50m²,单价348元,总价17400元

图5-25 A4—B2—C1—01配置模块

A4—B2—C1—02：二层灌木＋地被结构—阴生潮湿环境—高成本—序号02

A4—B2—C1—02：
二层灌木＋地被结构—阴生潮湿环境—高成本 实例

层次	类型	植物种类	数量	单价	合计
乔木层	—	—	—	—	—
灌木层	常绿＋落叶	天目琼花、海桐球等	5	800	4000
地被层	矮生灌木＋草本	八角金盘、金森女贞,吉祥草等	50m²	250	12500

面积：50m²,单价330元,总价16500元

A4—B2—C1—02

图 5-26　A4—B2—C1—02 配置模块

A4—B2—C2—01：二层灌木＋地被结构—阴生潮湿环境—中低成本—序号01

A4—B2—C2—01：
二层灌木＋地被结构—阴生潮湿环境—中低成本 实例

层次	类型	植物种类	数量	单价	合计
乔木层	—	—	—	—	—
灌木层	常绿	石楠或四季桂	3	800	2400
地被层	矮生灌木＋草本	八角金盘、海桐,麦冬等	50m²	220	11000

面积：50m²,单价268元,总价13400元

A4—B2—C2—01

图 5-27　A4—B2—C2—01 配置模块

A4—B2—C2—02：二层灌木＋地被结构—阴生潮湿环境—中低成本—序号02

A4—B2—C2—02：
二层灌木＋地被结构—阴生潮湿环境—中低成本 实例

层次	类型	植物种类	数量	单价	合计
乔木层	—	—	—	—	—
灌木层	常绿	夹竹桃	5	600	3000
地被层	草本	麦冬、苔草等	50m²	160	8000

面积：50m²,单价220元,总价11000元

A4—B2—C2—02

图 5-28　A4—B2—C2—02 配置模块

5.4.3 二层植物配置模块应用场景

滨水空间常用的二层植物配置模块有：二层乔木＋地被结构—阳生潮湿环境—高/中低成本（A3—B1—C1/2—01）、二层灌木＋地被结构—阳生潮湿环境—高成本（A4—B1—C1—01）。

其中，二层乔木＋地被结构—阳生潮湿环境—高成本（A3—B1—C1—01）配置模块（图5-29）的上层乔木树种规格较大，或栽植密度大，或者下层地被品种变化丰富。例如，下层地被采用多种色彩的较耐水湿的球类、观赏草、宿根花卉等组合搭配，观赏性更强，形成视觉焦点。

图5-29　A3—B1—C1—01配置模块实景

二层乔木＋地被结构—阳生潮湿环境—中低成本（A3—B1—C2—01）配置模块（图5-30）的上层乔木采用中等规格乔木，栽植密度适中，下层地被品种可以选用可自播繁衍的草本花卉，局部搭配景石。

图5-30　A3—B1—C2—01配置模块实景

二层灌木＋地被结构—阳生潮湿环境—高成本（A4—B1—C1—01）配置模块（图5-31）采用多年生草本花卉为主体成片栽植，中层散点灌木及球类植物为点缀，局部搭配景石，也可铺设卵石、设置园路等。

图 5-31　A4—B1—C1—01 配置模块实景

5.5　三层及以上植物配置模块

一般植物景观的配置主要讲究层次，按照植物的形态高低差异，大概分为5个层次，由高到低分别为乔木层、亚乔木层、大灌木层、小灌木层、地被层。其中，乔木层作为骨架，形成了树群的天际轮廓线；亚乔木和大灌木层一般开花繁茂，色叶美丽，是植物层次中的主要观赏点；小灌木包含球类、点植的低矮丛生灌木等；地被层包含多年生草本花卉、绿篱色块、观赏草、低矮蔓性植物、草坪等。

5.5.1　三层植物结构

三层植物结构（图5-32）是绿地中典型植物组团的主体形式，出现频率高。以大乔木或亚乔代表上层植物，以小乔木、大灌木、球类植物等中层植物，小灌木或地被为下层植物。在植物配置当中可在部分区域成片出现，也可呈组团形式起到点景的作用。相较于二层结构，三层结构层次相对丰富和具有变化，但整体效果依然较为通透。

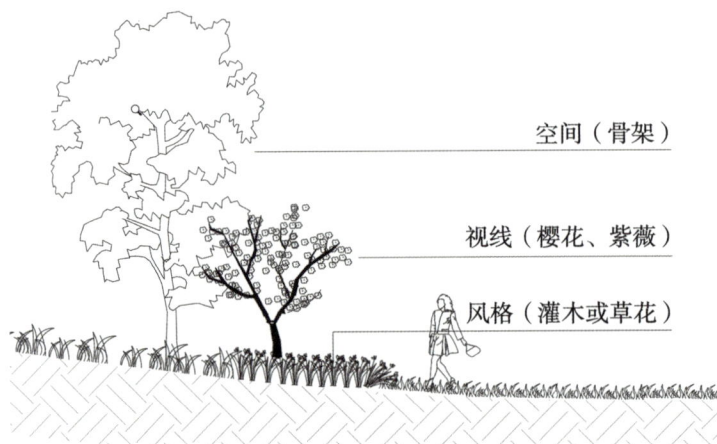

图 5-32　三层植物结构立面示意图

　　三层植物结构通常由上层乔木来营造空间,中层(大灌木或小乔木)形成视线的焦点,地被体现植物配置的风格,三者共同组成植物组团。在一个组团内要考虑常绿和落叶的比例,一定要有常绿植物,如果大乔是常绿乔木,一般搭配落叶的开花小乔木或大灌木,如果大乔是落叶乔木,一般搭配常绿的小乔木或灌木,保证冬天不会过于萧条。

　　三层植物结构配置模块的编码结构如下:

　　A5—B1/2—C1/2—X:三层结构—光照潮湿环境—成本级别—序号

　　具体的配置模块类别(图 5-33 至图 5-41)实例如下所示:

　　A5—B1—C1—01:三层植物结构—阳生潮湿环境—高成本—序号 01

A5—B1—C1—01:

三层植物结构—阳生潮湿环境—高成本 实例

层次	类型	植物种类	数量	单价	合计
乔木层	落叶	朴树	1	8000	8000
灌木层	常绿+落叶	红枫、紫丁香、锦带花等	5	800	4000
地被层	绿篱色块	金森女贞、红花檵木等	50m²	200	10000

面积:50m²,单价 440 元,总价 22000 元

A5—B1—C1—01

图 5-33　A5—B1—C1—01 配置模块

A5—B1—C1—02：三层植物结构—阳生潮湿环境—高成本—序号02

A5—B1—C1—02：

三层植物结构—阳生潮湿环境—高成本 实例

层次	类型	植物种类	数量	单价	合计
乔木层	落叶	乌桕	1	3500	3500
灌木层	常绿+落叶	红叶碧桃、穗花牡荆等	5	800	4000
地被层	草本	花境:菊类、观赏草类等,搭景石	50m²	350	17500

面积:50m²,单价500元,总价25000元

A5—B1—C1—02

图 5-34　A5—B1—C1—02 配置模块

A5—B1—C2—01：三层植物结构—阳生潮湿环境—中低成本—序号01

A5—B1—C2—01：

三层植物结构—阳生潮湿环境—中低成本 实例

层次	类型	植物种类	数量	单价	合计
乔木层	落叶	垂柳	3	1500	4500
灌木层	常绿+落叶	十大功劳、笑靥花等	5	400	2000
地被层	草本	吉祥草、紫娇花等	50m²	160	8000

面积:50m²,单价290元,总价14500元

A5—B1—C2—01

图 5-35　A5—B1—C2—01 配置模块

A5—B1—C2—02：三层植物结构—阳生潮湿环境—中低成本—序号02

A5—B1—C2—02：

三层植物结构—阳生潮湿环境—中低成本 实例

层次	类型	植物种类	数量	单价	合计
乔木层	落叶	樱花	2	1800	3600
灌木层	常绿+落叶	粉花绣线菊等	5	400	2000
地被层	草本	大滨菊、红花酢浆草等	50m²	160	8000

面积:50m²,单价272元,总价13600元

A5—B1—C2—02

图 5-36　A5—B1—C2—02 配置模块

A5—B1—C2—03：三层植物结构—阳生潮湿环境—中低成本—序号 03

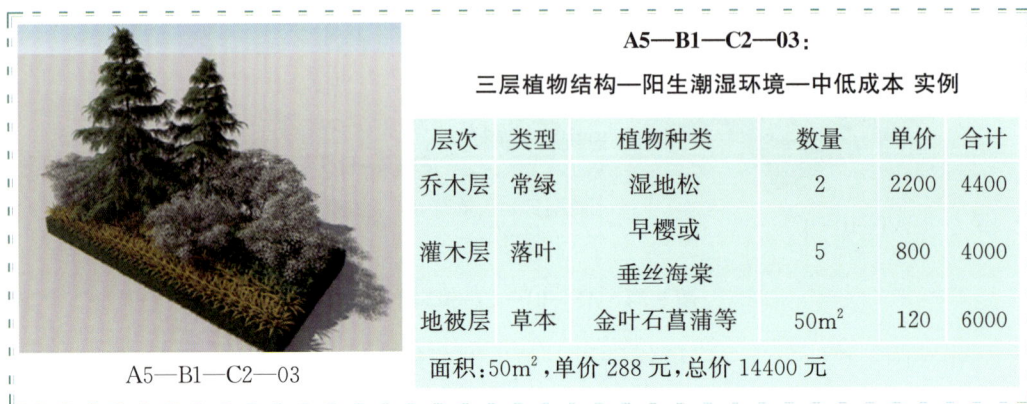

A5—B1—C2—03：

三层植物结构—阳生潮湿环境—中低成本 实例

层次	类型	植物种类	数量	单价	合计
乔木层	常绿	湿地松	2	2200	4400
灌木层	落叶	早樱或垂丝海棠	5	800	4000
地被层	草本	金叶石菖蒲等	50m²	120	6000

面积：50m²，单价 288 元，总价 14400 元

A5—B1—C2—03

图 5-37　A5—B1—C2—03 配置模块

A5—B2—C1—01：三层植物结构—阴生潮湿环境—高成本—序号 01

A5—B2—C1—01：

三层植物结构—阴生潮湿环境—高成本 实例

层次	类型	植物种类	数量	单价	合计
乔木层	落叶	三角枫	1 株	8000	8000
灌木层	常绿＋落叶	四照花、含笑球等	5 株	1400	7000
地被层	木本＋草本	八角金盘、葱兰，搭景石等	50m²	250	12500

面积：50m²，单价 550 元，总价 27500 元

A5—B2—C1—01

图 5-38　A5—B2—C1—01 配置模块

A5—B2—C1—02：三层植物结构—阴生潮湿环境—高成本—序号02

A5—B2—C1—02：三层植物结构—阴生潮湿环境—高成本 实例					
层次	类型	植物种类	数量	单价	合计
乔木层	落叶	特选丛生朴树	1	16000	16000
灌木层	常绿＋落叶	红枫、红叶石楠球、龟甲冬青球等	5	1000	5000
地被层	矮生灌木＋草本	南天竹、金叶石菖蒲等	50m²	180	9000
面积：50m²，单价600元，总价30000元					

A5—B2—C1—02

图 5-39 A5—B2—C1—02 配置模块

A5—B2—C2—01：三层植物结构—阴生潮湿环境—中低成本—序号01

A5—B2—C2—01：三层植物结构—阴生潮湿环境—中低成本 实例					
层次	类型	植物种类	数量	单价	合计
乔木层	常绿	椤木石楠	2	1200	2400
灌木层	常绿＋落叶	大花六道木球、紫荆等	5	500	2500
地被层	草本	细叶麦冬等	50m²	120	6000
面积：50m²，单价218元，总价10900元					

A5—B2—C2—01

图 5-40 A5—B2—C2—01 配置模块

A5—B2—C2—02：三层植物结构—阴生潮湿环境—中低成本—序号02

A5—B2—C2—02：

三层植物结构—阴生潮湿环境—中低成本 实例

层次	类型	植物种类	数量	单价	合计
高灌层	常绿	法国冬青	15m²	260	3900
矮灌层	常绿	龟甲冬青球等	5	600	3000
地被层	草本	鸢尾等	35m²	120	4200

面积：50m²，单价222元，总价11100元

A5—B2—C2—02

图 5-41　A5—B2—C2—02 配置模块

5.5.2　三层结构植物配置模块应用场景

滨水空间常用的三层植物配置模块为：三层植物结构—阳生潮湿环境—高成本（A5—B1—C1—01）和三层植物结构—阳生潮湿环境—中低成本（A5—B1—C2—02）。

其中三层植物结构—阳生潮湿环境—高成本（A5—B1—C1—01）配置模块（图 5-42）的上层乔木规格较大，可选用特选大树或造型树作为骨架主景树，较为低矮的小乔木或大灌木作为中层，中层植物作为人们视线落脚点，一般选用观花、观叶、观果或者观枝等观赏性强的植物，下层可以是时令花卉或者整形绿篱。

图 5-42　A5—B1—C1—01 配置模块实景

三层植物结构—阳生潮湿环境—中低成本(A5—B1—C2—02)配置模块(图5-43)的上层可以是规格较小的可自成一景的亚乔木,如春季开花的樱花、秋季观叶的鸡爪槭等,中层则是整形的球类植物或者丛生的小灌木、观赏草等观叶植物等,下层为低矮的草本花卉。

图 5-43　A5—B1—C2—02 配置模块实景

5.5.3　四层及以上结构

多层植物结构包含四层植物结构和五层植物结构。

四层植物结构作为三层结构的提升,主要采用5个层次中的4种,应用于植物基调组团配置中的重点突出区域部位,通过植物的多层配置,形成高低错落、色彩多变的植物景观,与基调植物树林部分形成疏密对比。

五层植物结构包含大乔＋亚乔＋大灌＋小灌＋地被(草坪)5个层次,通过挺拔的大乔、圆冠型小乔、不同形态的灌木组合、色彩斑斓的地被花卉进行多层次配置,形成丰富的视觉效果,一般应用于重要节点、视线焦点、大门入口等重要位置。

多层植物结构相较于三层结构层次更为丰富和具有变化,但整体效果紧凑而繁茂。多层植物结构配置模块的编码结构如下:

A6—B1/2—C1/2—DX/EX:多层结构—光照潮湿环境—成本级别—序号

具体的配置模块类别(图 5-44 至图 5-52)实例如下所示：

A6—B1—C1—D1：四层植物结构—阳生潮湿环境—高成本—序号 01

A6—B1—C1—D1：
四层植物结构—阳生潮湿环境—高成本 实例

层次	类型	植物种类	数量	单价	合计
大乔层	落叶	榔榆	1	8000	8000
亚乔层	落叶	樱花、红枫等	4	1500	6000
灌木层	常绿+落叶	石楠球、木槿等	5	600	3000
地被层	绿篱色块	金禾女贞、红花檵木等	50m²	200	10000

面积：50m²，单价 540 元，总价 27000 元

A6—B1—C1—D1

图 5-44　A6—B1—C1—D1 配置模块

A6—B1—C1—D2：四层植物结构—阳生潮湿环境—高成本—序号 02

A6—B1—C1—D2：
四层植物结构—阳生潮湿环境—高成本 实例

层次	类型	植物种类	数量	单价	合计
大乔层	落叶	朴树	1	8000	8000
亚乔层	常绿+落叶	桂花、垂丝海棠	3	1200	3600
灌木层	常绿+落叶	栀子球、朱槿	5	400	2000
地被层	草本	花境：黄金菊、细茎针茅，搭景石等	50m²	350	17500

面积：50m²，单价 622 元，总价 31100 元

A6—B1—C1—D2

图 5-45　A6—B1—C1—D2 配置模块

A6—B1—C2—D1：四层植物结构—阳生潮湿环境—中低成本—序号01

A6—B1—C2—D1：

四层植物结构—阳生潮湿环境—中低成本 实例

层次	类型	植物种类	数量	单价	合计
大乔层	落叶	垂柳	1	1500	1500
亚乔层	落叶	碧桃、木芙蓉	4	1200	4800
灌木层	常绿	云南黄馨、火棘	5	400	2000
地被层	草本	麦冬、大滨菊等	50m²	160	8000

面积：50m²，单价326元，总价16300元

A6—B1—C2—D1

图 5-46 A6—B1—C2—D1 配置模块

A6—B1—C2—D2：四层植物结构—阳生潮湿环境—中低成本—序号02

A6—B1—C2—D2：

四层植物结构—阳生潮湿环境—中低成本 实例

层次	类型	植物种类	数量	单价	合计
大乔层	常绿	柚子树	1	3600	3600
亚乔层	落叶	日本晚樱、紫荆	3	1000	3000
灌木层	常绿球类	红花檵木球等	4	600	2400
地被层	矮生灌木＋草本	金森女贞、蓝花鼠尾草等	50m²	200	10000

面积：50m²，单价380元，总价19000元

A6—B1—C2—D2

图 5-47 A6—B1—C2—D2 配置模块

A6—B2—C1—D1:四层植物结构—阴生潮湿环境—高成本—序号01

A6—B2—C1—D1:

四层植物结构—阴生潮湿环境—高成本 实例

层次	类型	植物种类	数量	单价	合计
大乔层	落叶	栾树	1	8000	8000
亚乔层	常绿	石楠、夹竹桃	3	1500	4500
灌木层	常绿+落叶	山茶、八仙花	5	600	3000
地被层	矮生灌木	匍枝亮绿忍冬等	50m²	200	10000

面积:50m²,单价510元,总价25500元

A6—B2—C1—D1

图 5-48　A6—B2—C1—D1 配置模块

A6—B2—C2—D1:四层植物结构—阴生潮湿环境—中低成本—序号01

A6—B2—C2—D1:

四层植物结构—阴生潮湿环境—中低成本 实例

层次	类型	植物种类	数量	单价	合计
大乔层	常绿	女贞	1	2000	2000
亚乔层	常绿	深山含笑	2	1200	2400
灌木层	常绿+落叶	茶梅球	5	400	2000
地被层	蔓性地被+草本	蔓长春、麦冬等	50m²	160	8000

面积:50m²,单价288元,总价14400元

A6—B2—C2—D1

图 5-49　A6—B2—C2—D1 配置模块

A6—B1—C1—E1:五层植物结构—阳生潮湿环境—高成本—序号 01

层次	类型	植物种类	数量	单价	合计
大乔层	落叶	朴树	1	10000	10000
中乔层	常绿	香樟	1	3000	3000
小乔层	落叶	日本晚樱、红枫	3	1200	3600
灌木层	常绿＋落叶	紫荆、枸骨球	5	600	3000
地被层	绿篱色块	红花檵木、春鹃	50m²	200	10000

A6—B1—C1—E1:
五层植物结构—阳生潮湿环境—高成本 实例

A6—B1—C1—E1

面积:50m²,单价 592 元,总价 29600 元

图 5-50　A6—B1—C1—E1 配置模块

A6—B1—C1—E2:五层植物结构—阳生潮湿环境—高成本—序号 02

A6—B1—C1—E2:
五层植物结构—阳生潮湿环境—高成本 实例

层次	类型	植物种类	数量	单价	合计
大乔层	常绿	香樟	1	6000	6000
中乔层	常绿	桂花	1	3000	3000
小乔层	落叶	羽毛枫、木本绣球	2	1600	3200
灌木层	常绿	海桐球	3	600	1800
地被层	草本花卉	花境:草花＋观赏草,搭景石	50m²	350	17500

A6—B1—C1—E2

面积:50m²,单价 630 元,总价 31500 元

图 5-51　A6—B1—C1—E2 配置模块

191

A6—B2—C1—E1：五层植物结构—阴生潮湿环境—高成本—序号 01

A6—B2—C1—E1

层次	类型	植物种类	数量	单价	合计
大乔层	落叶	重阳木	1	8000	8000
中乔层	常绿	红叶石楠	1	3000	3000
小乔层	常绿＋落叶	深山含笑、紫荆	3	1200	3600
灌木层	常绿	茶梅球、熊掌木	5	600	3000
地被层	蔓性地被＋草本	花叶络石、鸢尾	$50m^2$	160	8000

A6—B2—C1—E1：
五层植物结构—阴生潮湿环境—高成本 实例

面积：$50m^2$，单价 512 元，总价 25600 元

图 5-52　A6—B2—C1—E1 配置模块

5.5.4　四层及以上结构植物配置模块应用场景

滨水空间常用的多层植物配置模块为：四层植物结构—阳生潮湿环境—高成本（A6—B1—C1—D1）和五层植物结构—阳生潮湿环境—高成本（A6—B1—C1—E1）。

其中，四层植物结构—阳生潮湿环境—高成本（A6—B1—C1—D1）配置模块（图 5-53）选用特选大乔木为第一层的骨架主景树，在主景大树旁搭配三五成组的色叶和观花的中小乔木作为第二层，大规格球类和高大的草本花卉、观赏草作为第三层，草花和绿篱色块作为第四层。植物选择考虑常绿和落叶的比例，保证四季有景，至少一季为主要观赏季。

五层植物结构—阳生潮湿环境—高成本（A6—B1—C1—E1）配置模块（图 5-54）选用大规格乔木作为第一层的骨架树，高度次之的亚乔木成组搭配在主景大树旁作为第二层，中层选用观叶或赏花的小乔木、大灌木和大规格球类作为第三层，小规格球类和丛生小灌木作为第四层，绿篱色块作为第五层。形成层次丰富、植物密集的组团效果，植物选择适当增加常绿树的比例，保证常年维持丰富的组团效果。

图 5-53　A6—B1—C1—D1 配置模块实景

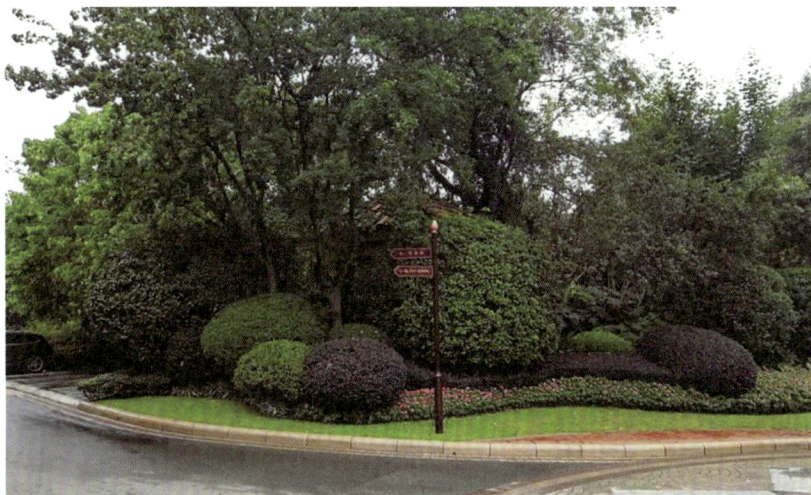

图 5-54　A6—B1—C1—E1 配置模块实景

5.6　本章小结

本章从空间定位及性能、空间大小及功能和空间构成要素这 3 个层面出发,得出滨水植物配置模块的形成机制。重点从植物配置结构、光照潮湿条件和成本级别 3 个方面来对滨水绿化植物配置模块进行模块编码,针对相同条件下的模块后细分序号。其中单层植物配置模块包含灌木单层、地被单层两种种植结构,二层植物配置模块包含乔木＋地被和灌木＋地被两种种植结构,三层植物配置模块包含上、中、下三层植物种植结构,四层及以上则为更为复杂的种植结构。通过对植物种植结构的分类,编制不同结构下的配置模块,对它们各自的应用场景进行实例分析,从而将滨水植物应用到可以编码分析的模块之中,为植物景观模块化种植提供了依据。

第6章 工程应用

6.1 邓家河片区综合利用 EPC＋F＋O 项目 D 区

6.1.1 项目概况

邓家河片区综合利用项目(图 6-1)规划设计范围:北抵京广大道,南邻环湖大道(王母湖),东至守信路,西至崇文路、桥西路一线。东西最宽约 2100m,南北最长约 5000m,片区范围总面积约 598hm²,合计 8970 亩。核心区范围:北抵京广大道,南邻环湖大道(王母湖),东至公园东路,西至大智路。总面积约 348hm²,合计 5220 亩(包含周边市政道路面积,净用地面积为 4300 亩)。

邓家河片区综合利用项目立足于公园城市理念,以孝善文化为魂,助力孝感成为新时代运动之都、孝善之城、科创之城、活力之城、魅力之城。严格遵守防洪要求,融入"公园城市"创新发展理念,以"孝"与"新"相互交融的主题定位构建"一廊三区七园"的功能分区。

一廊是邓家河公园生态绿廊,三区是三大功能片区,西侧是 TID 科创中心,中部核心区为邓家河公园,东侧是生态居住片区。七园是邓家河公园中分布的 A、B、C、D、E、F、G 七大主题园区——林荫探秘公园、动感体育公园、孝善文化公园、艺术购物公园、活力科技公园、魅力庆典公园和生态教育公园。同时完善邓家河水系的生态功能和区域水环境治理,展示东城新区核心生态风貌。推进海绵城市建设,增强片区防涝能力,提高新型城镇化质量。通过邓家河核心保护区域的景观节点、文化长廊、旅游设施、绿化亮化等建设,打造集亲子娱乐、观赏体验、旅游休闲于一体的城市生态休闲区。根据场地区位、环境特点和周边情况等因素,对各个分区进行特色化定位,保证各个分区的植物风貌一致,种植主题又有所区分,丰富人们的游园体验。7 个区分别打造"康养杉林""活力花林""秋染果香""碧草流花""清枫云影""花田草阶"和"泽川花境"7 个植物主题园区。

本次研究范围为 D 区艺术购物公园。D 分区总面积 493918m²,水体面积

124396m²，划拨及出让用地面积 70159m²，陆地面积（去除划拨及出让用地）299364m²。

图 6-1 邓家河片区设计总平面图

6.1.2 植物配置原则

6.1.2.1 生态优先原则

保护滨水植物资源、维护生物多样性；尊重和保护现有植物自然林相，保留现状胸径大于 15cm 的大树和生境良好的片林，构建野趣自然、舒适宜人的近自然的滨水植物空间。

6.1.2.2 乡土适地原则

尊重植物生长习性和地带性植物特征，优先选用乡土湿生水生植物，乡土植物达总量的 85％以上，做到因地制宜、适地适树；适当使用外来优良树种，提升景观表现效果。

6.1.2.3 季相突出原则

树种规划上重点突出春花、秋叶、秋实树种的使用，打造春花繁茂、秋叶绚烂、秋实累累的植物景观；常绿树种作为背景，下层选用以季相特色明显的观花、以彩叶地被为主。

6.1.2.4 兼顾功能原则

绿化面积达除水体面积以外陆地面积的 70％以上，植物群落考虑纯林和混交林结合，增加城市滨水空间的森林覆盖率，突出场地生态功能；强调特色植物景观，区域季节重点，达到每个季节均有景可赏，兼顾市民休闲、城市观光功能。

6.1.3 植物配置总体设计

本项目设计的目的是将邓家河打造成一座色彩缤纷、互动参与、生机盎然的滨水城市森林。D区设计在尊重场地、尊重自然的基础上,营造场地不同的空间形式,突出绿化景观层次感,凸显植物色相、季相变化,通过地形的塑造和巧妙的植物配置,创造出季相分明、各具特色的景观空间(图6-2)。本区以"碧草流花"为植物设计主题,打造一座林荫草地、花团锦簇、色彩缤纷的滨水城市花园。

图6-2　邓家河D区植物景观效果

6.1.4　植物配置详细设计

滨水绿化配置技术将分为种植方式、配置模块和滨水绿化植物的选用3个方面来阐述。

6.1.4.1　种植方式的应用

(1)点状空间

在场地东北入口处设置6~8m高的环形艺术廊架,中心栽植规格超过40cm胸径的大朴树作为主景树,大朴树高度达12m。作为主景树,主要表现树木的个体美,经过精心挑选的大朴树株形高大,树冠开展,树姿优美,具有四季季相变化。弧形廊道将其围合,使场地留有适宜的观赏视距与观赏空间,人们可以从多个位置和角度去观赏该孤植树,适宜的尺度达到大树与周围环境的协调融合(图6-3)。

(2)线性空间

本区采用榉树作为主园路行道树,无患子、美国红枫、早樱为次级园路和小径的行道树。选用的树种均为树干挺拔、树形端正、冠形整齐的树种,容易形成整齐、线性突出的空间秩序感,明确人行通向与交通,突出景观结构。同时具有一定的季相特色,如榉树、无患子、美国红枫均为秋色叶树种,深秋叶色变红或金黄色;早樱春季开花,落英缤纷。

榉树胸径 18cm,为保证行人正常行走,树种分枝点定在 2.2m。为保证整体效果和生长空间,种植间距定为 6m 一株。局部搭配垂丝海棠、紫薇等中层乔灌木、丰富的绿篱色块及草本花卉,强化引导作用,突出氛围感;道路两侧地形局部营造隆起的微地形,形成绿荫夹道之感(图 6-4)。

图 6-3 孤植朴树

图 6-4 线性行道树

（3）面状空间

本项目结合滨水环境,在绿地规模较大、破碎度低的区域打造封闭或半封闭式的植物空间,利用针叶林、阔叶混交林等多种形式的植物组合进行围合。围合的空间可以是纯粹的大草坪,也可以是草阶、水面,围合的边界可以是任意的、多边的、几何的。

面状空间围合的草坪区域可以赋予多样的功能,可以有休憩、观赏、游乐、活动等多种功能(图 6-5)。滨水区域的面状空间给予人们亲水休闲的机会。

图 6-5　场地面状空间

6.1.4.2 配置模块的应用

（1）二层植物配置模块

A3—B1—C1—01：二层乔木＋地被结构—阳生潮湿环境—高成本—序号01的应用（图6-6）。

于场地西北入口两条园路交会处栽植树形优美、秋叶红艳的美国红枫，林下栽植成片的柔穗狼尾草，狼尾草夏秋季节开花，与秋季为主要观赏季的美国红枫形成园路旁自然野趣之景。

图6-6 二层植物模块的应用

（2）三层植物配置模块

A5—B1—C1—01：三层植物结构—阳生环境—高成本—序号01的应用（图6-7、图6-8）。

图6-7 三层植物模块的应用一

南侧临近乾坤大道过街人行天桥的街边绿地采用了该种植模块,背景选用大规格的银杏纯林作为背景,中层作为人们视线落脚点,栽植成片的春季开花的早樱,下层沿着林缘栽植茶梅、红叶石楠等小灌木,形成高、中、低三个层次。整个植物空间较为简单纯粹,春有花、秋有叶,形成路边一处赏景点。

图 6-8　三层植物模块的应用二

园区东南入口位置,结合景石,以常绿大乔木香樟为绿色骨架,中层以樱花和桂花为主,下层为安酷杜鹃、火焰南天竹和时令花卉等观赏性强的地被植物,形成高低错落、色彩丰富的入口植物景观。

(3)四层及以上植物配置模块

A6—B2—C1—D1:四层植物结构—阴生潮湿环境—高成本—序号 01 的应用(图 6-9)。

图 6-9　四层植物模块的应用

国风花园位于场地东岸内湖岸边的竹林之间，中式廊架旁的小块绿地，结合地形，坡顶栽植大规格的桂花为上层乔木，中层以造型黑松和造型罗汉松等造型树为主景亚乔，大灌木选用整形修剪的栀子花球、茶梅球和早春开花、自然态生长的喷雪花等，下层地被则用小叶栀子、夏鹃等整形绿篱围合，边缘用低矮的玉龙草收边。打造古色古香、错落有致、层次丰富的国风花园。

（4）五层及以上植物配置模块

A6—B1—C1—E1：五层植物结构—阳生潮湿环境—高成本—序号 01 的应用（图 6-10）。

图 6-10　五层植物模块的应用

乾坤大道临路一侧的中心花坛采用了五层植物结构，包含大乔＋亚乔＋大灌＋小灌＋地被（草坪）5 个层次，分别选用特选香樟作为上层大乔木，亚乔为胸径 15cm 以上的桂花和特选红枫，早樱、小规格的红枫和丛生紫薇为第三层，海桐球、金禾女贞球、无刺枸骨球等球类植物为第四层，鼠尾草等草花地被为第五层次。通过挺拔的大乔、圆冠型中小乔、不同形态的灌木组合、色彩斑斓的地被花卉进行多层次配置，形成丰富的视觉效果。

6.1.5　小结

邓家河片区综合利用项目 D 区选用了当地常用的滨水植物种类，配置模式以二层和三层植物结构为主，其中二层结构在滨水园路两侧的绿地、山坡林地、疏林草地等植物空间应用较多，提供人们较为通透的观景视线，便于亲水；三层结构主要位于道路转角、重要景观节点等位置，远处可观骨架乔木，近处则可以观赏中下层植物，植物的选择也更加注重功能性和观赏性。而在尺度较小、人流聚集的活动空间,使用了层次丰富的四层至五层结构,多层次的植物搭配形成了较为丰富的配置效果,活跃场地氛围。

6.1.6 滨水绿化植物的选择应用

本项目选用的植物品种达 161 种,其中包含 48 种乔木、15 种灌木、2 种藤本植物、84 种地被植物、3 种竹类植物和 9 种水生植物。其中 75% 的植物种类包含在常用滨水绿化植物名录中,详见附表 2。

6.2 武汉东湖绿道项目

2015 年,武汉市提出"让城市安静下来"的城建理念,并明确指出"绿道建设是实现让城市安静下来的重要载体,结合东湖独特的风光资源,要重点建设世界级水平的东湖绿道"[1]。

东湖绿道的建设目标是:最具书香气质的人文绿道、最具大美神韵的滨湖绿道、最具科技体验的城市绿道。围绕以上建设目标,为建设最具大美神韵的世界级滨湖绿道,在分析东湖绿道现有植被资源的基础上,进行了植被资源的整合和植被景观结构的重建。从实施情况来看,良好的植被基础、舒适宜人的绿色空间、各具特色的观赏片林等为东湖绿道的观赏游览构建了优良的生态环境(图 6-11)。

图 6-11 东湖局部

6.2.1　项目概况

　　环东湖绿道一期(图 6-12)总长 28.7km,共分为 4 段,分别为:湖中道,从梨园广场至磨山北门,长约 6km;湖山道,从磨山北门至风光村,长 6.2km;磨山道,沿磨山山体区域,长 5.8km;郊野道,从鹅咀至磨山东门,长 10.7km。

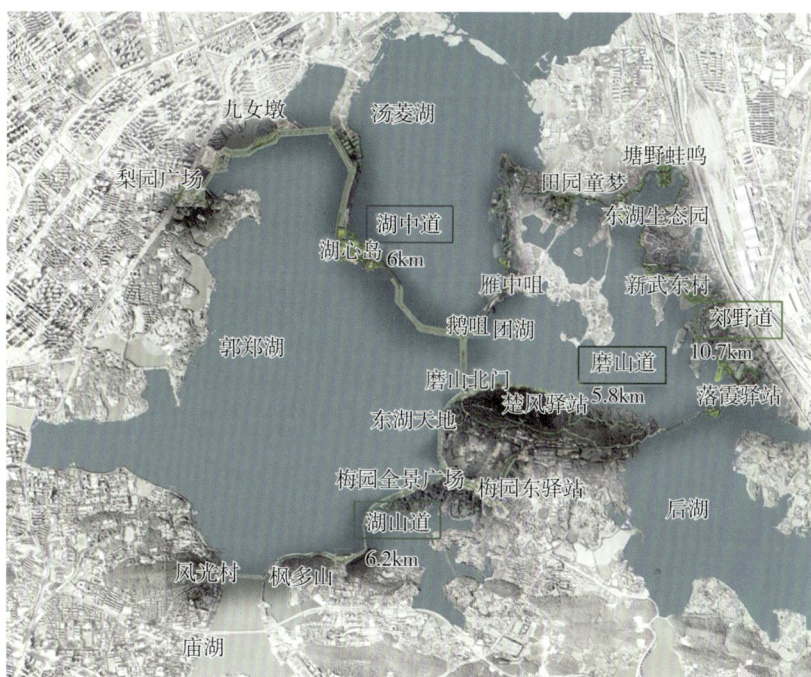

图 6-12　环东湖绿道一期区位

6.2.2　现状植物资源分析

6.2.2.1　现状分析

　　东湖风景名胜区内具有丰富的生态与景观资源,全国最大的城中湖、植被覆盖度高的众多山体、丰富的植被类型和植物物种,特色鲜明的各类专类园,再加上星散分布的小型内陆水体、岸线丰富的滨水湿地等,使得风景区具有得天独厚的生态资源优势。

　　风景区范围内地带性植被类型为常绿落叶阔叶林,主要包括暖性针叶林、落叶阔叶林、针叶阔叶树混交林、常绿阔叶林、落叶阔叶灌丛、常绿阔叶灌丛、沼泽植被和水生植被 8 个植被型(图 6-13)。乔木层物种以马尾松、枫香、樟树等为优势种,其他为朴树、女贞、冬青等。灌木层物种常见种有算盘子、盐肤木、檵木等,其他物种较为稀疏。草本层物种最为丰富,麦冬、蕨、苔草等为常见种,水生植物以菰群丛、苦草群丛、水葫芦群丛、菱群丛等为主。

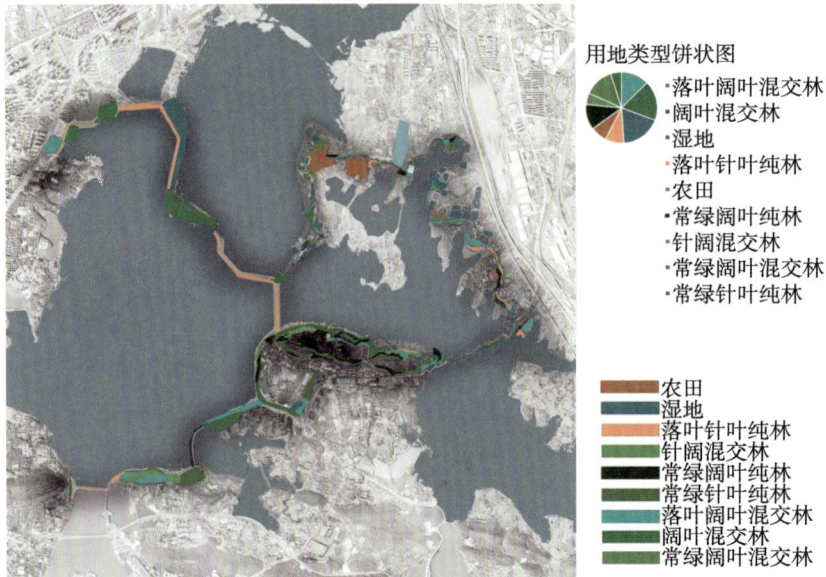

图6-13　总体植被类型

风景区内有野生和栽培维管植物(包括陆生和主要水生植物)1004种(含种下等级97个),分属于150科,437属,其中水生植物18种。调查发现,虽然景区内植物种类丰富,但大多数都是位于各专类园中的栽培种、各种野生植被以及四旁绿化植被,真正应用在景观绿化、尤其是滨水景观的植物物种却比较少,品种比较单一。

按植物类群分,计有蕨类植物22科26属31种,种子植物128科411属973种,其中裸子植物5科13属22种,被子植物123科398属951种(双子叶植物103科320属782种,单子叶植物20科78属169种)。东湖风景名胜区维管植物科、属、种数分别占湖北省种子植物科、属、种数的61.22%、29.79%和16.24%(表6-1)。

表6-1　　　　　　　　　　武汉东湖风景名胜区维管植物区系统计

项目	蕨类植物			裸子植物			被子植物			合计		
	科	属	种	科	属	种	科	属	种	科	属	种
东湖区	22	26	31	5	13	22	123	398	951	150	437	1004
湖北	45	112	533	9	31	100	191	1324	5550	245	1467	6183
占湖北的百分比/%	48.89	23.21	5.82	55.56	41.94	22.00	64.40	30.06	17.14	61.22	29.79	16.24

东湖风景名胜区种子植物中的栽培种类比较多,在1004种维管植物中,野生种807种,占80.38%,栽培种197种,占19.62%。如果加上不常见的栽培植物,则所占比例将更大。

风景区内前期多数植被结构较简单,具"乔—灌—草"复层结构的群落较为稀少。从群落的结构和物种多样性来看,植被垂直结构多为1～2层,具"乔—灌—草"三层结构的群落较少,能够达到数层的群落更为稀少。同时,现状东湖绿道两侧基本呈现以湖景、山林为主的景观类型,周边较少的景观节点以及停留点,缺少细节,整体景观类型较为单一,不利于形成丰富的景观效果。现状绿化主要以大面积池杉林、香樟林为主,是整个景区内的骨干树种,因现状长势良好,胸径粗壮应予以原地保留;另一部分沿线路侧林带效果较好,应做最大限度保留,避免因建设而产生的扰动,将现有绿带的影响减少到最小程度。由于景区内大乔较多,本次植物设计应以亚乔与既有林带搭配为主,起到丰富与适度调节林相的景观效果。

湖中道麻布潭段现状乔木为池杉,楚风园段现状乔木为法桐,石灰荡子段现状乔木为池杉,九女墩段现状乔木为法桐。湖山道庙湖段现状乔木为池杉,枫多山北路段现状乔木为香樟,猴山段现状乔木为法桐,菱角湖段现状乔木为香樟,梅园段现状乔木以香樟为主,湖山道2线现状乔木以法桐为主。磨山道沿线以景区现状树林为主;郊野道沿线以乡土树种为主,包括法桐、香樟、松、柏、枫香、桂花等,其中落雁景区北门—磨山景区东门现状道路乔木以香樟为主(图6-14至图6-17)。

图6-14　湖中道现状植物

图 6-15 湖山道现状植物

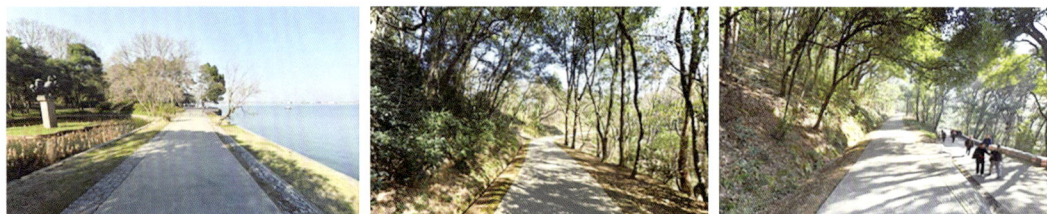

图 6-16 磨山道现状植物

池杉、构树、桑树、芦苇、菱、睡莲、水鳖、金鱼藻

香樟、珊瑚树

垂柳、构树

香樟、悬铃木

香樟、构树、栾树、桑树

池杉、水杉、水松

香樟、池杉、水杉、构树

构树、池杉、盐肤木、乌桕、合欢、紫藤

图 6-17　郊野道现状植物

　　具体设计中对不影响绿道道路功能，且现状长势良好的树木，均予以原地保留，将绿道建设对现有绿带的影响减少到最小程度。下阶段将对沿线范围内的乔木进行测量定位后，再优化道路平面线型设计，最大化保留现有树木。

6.2.2.2　综合评价与优化

　　东湖风景区具有良好的生态环境、丰富的生态资源以及较高的植被覆盖率，但同时由于水体环境的不断恶化、长久以来的人工干扰以及湖泊岸线的人为固化，导致景

区内植被破碎度较高、连通性较低,植被的自然连续分布被割裂。在现状分析的基础上提出以下优化策略:

(1)保护与利用现有生态资源

对现状的山水格局、植被资源予以保护,对景区现有的良好的景观格局予以保留。

(2)构建完整的风景区植被生态系统

增加物种、丰富层次、提高绿量,对不同植被斑块进行适当合并及调整,提高同类斑块的连通度,适度降低部分绿地斑块的破碎度,尤其应注意减少景观设施对绿地的切割。

(3)营造优美的植被景观空间

①强化杉林岸线。在现有池杉的骨架之上,适当增加下层观赏植被及景观设施,强化视线观感、增加观赏面。②构建山体植被绿化廊道。建设景区内磨山—枫都山—猴山等山体形成的山体植被景观廊道。③凸显湿地特色。利用丰富的滨水岸线和湿地环境,构建沿湖蜿蜒的滨水湿地廊道,并贯穿一系列特色鲜明的湿地节点。④强化专类园区,形成特色斑块。依托原有专类园优势,规划多处特色植物专类园,形成以梅园、荷花园为代表的专类园系统。

6.2.3 植物配置原则

6.2.3.1 生态优先

从植物群落的生态结构出发,强调对群落中关键物种的保留和乡土树种的应用,根据风景区自然环境状况和立地特点,进行植被规划。在保护现有植物景观的基础上,做到适地适树,适地适景,营造一个既优美而又相对稳定的植物景观,创造多样的生境。

6.2.3.2 分层规划

基于自然景观,结合现状地形,在确保特色统一、整体协调的前提下,保留现有植物,注重乔灌草及水生植物相结合,合理利用空间资源,形成近自然的滨水立体植物景观。

6.2.3.3 特色彰显

结合场地基本特征,顺应现有植被格局,完善地方特色群落,突出地方特色物种。完善现有景观、丰富游览体验、串联沿线景点,营造各类特色园,形成东湖绿道独特的植物景观风貌。

6.2.4 植物配置总体设计

6.2.4.1 季相规划

季相景观的植被规划主要基于现有的森林景观基础上,进行适当改造,在常绿背景林的基础上适当增加阔叶林、色叶林等,并控制灌木层的色叶树种比例。在恢复用地上的季相色彩主要是从整个景区层面来考虑各种季相景观分布的均匀性,从植被的四季景观效果来考虑各种植物群落中植物物种的规划和应用。

春季植物景观主要包括以桃、李、樱花、白玉兰等以观花为主的植物群落,以采摘体验活动为主的茶园,以及樟树、垂柳、山麻杆、臭椿等以观叶为主的植物群落。

夏季植物景观主要包括月季、荷花、广玉兰、合欢、栾树等以观花为主的植物群落,以茅草、芒草、狗尾草以及各种观赏性的草本形成的乡村田园景观的植物群落,以及各种从淡绿到墨绿色的植物群落。

秋季植物景观主要包括黄栌、枫香、黄连木、银杏、马褂木、池杉、水杉等大量秋叶色彩鲜明的植物群落,以芳香体验为主的桂花群落,以及火棘、柚子、柑橘、栾树、木瓜等以观果为主的植物群落。

冬季植物景观主要是以蜡梅、梅花、山茶、油茶、瑞香为主的观花性植物,以悬铃木、紫薇、木瓜等各类落叶植物,以观赏枝干为主的植物群落,以雪松、柏木等冬季中的常绿植物为主的植物群落。

6.2.4.2 色彩规划

风景区内植物景观的色彩比较丰富,对景区内的色彩进行归并后,将植物景观分为浓绿色、浅绿色、黄色、红色以及其他颜色(包括白色、粉色、紫色等)。

其中浓绿色植物景观主要包括马尾松、杉木、柏木、广玉兰以及桂花等常绿树种形成的植物群落。

浅绿色植物景观主要包括垂柳、樟树、喜树、竹类等植物形成的植物群落。

黄色植物景观主要是各种秋季落叶植物和开黄色花系的植物,主要包括由栎类树种、黄栌、银杏、无患子等观叶植物以及棣棠、蜡梅、金钟花等观花植物所组成的植物群落。

红色植物景观主要是各种秋季落叶植物和开红色花系的植物,主要包括由枫香、乌桕、黄栌、红瑞木以及各种槭树等观叶植物以及紫叶桃、月季、红花夹竹桃、山茶等观花植物所组成的植物群落。

其他色彩的植物主要是由其他各种色彩所形成的植物群落,包括刺槐、绣球、溲疏、白丁香等以白色花系为主的植物群落,紫藤、紫丁香、泡桐、紫玉兰等以紫色花系

为主的植物群落,以及桃、李、樱等各种粉色花系的植物所形成的植物群落,另外还有由黑色、蓝色等色系组成的植物群落。

6.2.4.3 植物物种规划

风景区内的植物物种规划既包括对景区重点物种的规划也包括其他物种的规划,既要适地适树体现乡土特色和地带性植被特征,也要增加植物的观赏效果。结合植被景观各层次规划,分别规划出基调植物、主调植物、辅调植物等,使植物物种在相应的场地中的应用和选择主次分明,目的性强。

(1)基调植物

池杉、香樟、三角枫、乌桕、垂柳。

(2)主调植物

湖中道:池杉、香樟、法桐、三角枫、垂柳、重阳木;

湖山道:香樟、枫香、三角枫、重阳木、红枫、梅花、樱花;

磨山道:乌桕、三角枫、黄栌、红枫、春鹃、栾树、桂花;

郊野道:乌桕、墨西哥落羽杉、女贞、池杉、水松、香樟、芒草、狼尾草。

(3)辅调植物

充分挖掘东湖乃至湖北地区的观赏植物、乡土植物。本次绿道工程使用陆生、水生植物共计120种,其中部分路段以植物作为景观节点的可适当采用对节白蜡、柞木、造型桂花等起到点景作用。

6.2.5 植物配置详细设计

东湖绿道整体景观结构为4+4+8,即4段景观绿道,4处门户区域及8大主题区域。植物景观规划在上述整体景观结构的基础上结合专类园设置以及景观节点打造,形成"四段四门户十八园"的宏观结构。

6.2.5.1 四段

现状以优美的池杉岸线及磨山、猴山、枫多山三大绿心为其典型景观,其余段落地块景观趋于单一、缺少可识别性,各区段依据功能布局及游赏特性突出某一季节某几种植物主题,形成自身特色。

(1)湖中段

为展现东湖自然风光,纵览东湖山水美景,以蓝色为湖中道整段景观色彩的主色调,道路植物搭配以透景为出发点,在节点上丰富变化,营造简洁、自然、清爽的滨水景观(图6-18)。

整段分为三种景观风格,分别为碧树繁花、水岸共彩和杉秀霞瑞,采用行道树+地被的种植模式,局部结合节点、停留点点缀带状花境。

景观特色:基本维持现貌、丰富节点,观赏点在于看湖。

典型配置模式:池杉(现状)、法桐(现状)、金叶石菖蒲、鸢尾、麦冬。

图 6-18　湖中道现状池杉+金叶石菖蒲

（2）湖山段

基于本段背山临水的特质,利用自然山体及开阔湖面的景观资源,以彩色为本段植物色彩的主色调,以彩叶、观花、观果植物为特色,营造丰富、变化、多彩的滨水景观走廊(图 6-19)。

图 6-19　湖山道现状香樟+春鹃

整段形成杉影花堤、枫林唱晚、金枝垂果、醉花桐雨四大景观意向。保留及梳理现状植物,靠山一侧有腹地的地段植物以 3～5 层为主,其他地方层次简洁,空间开敞,留出观景视线。

景观特色:绿道两侧增加彩叶植物及观花、观果植物,观赏点为成片的彩叶及观花果植物。

典型配置模式:香樟(现状)、池杉(现状)、春鹃、常春藤、绣线菊。

(3)磨山段

基于磨山丰富的自然植被资源,本段植物设计保留磨山风景区总体生态格局,以绿色为磨山道整段景观色彩的主色调,以楚辞植物、开花芳香灌木及地被为特色,打造一条葱郁、静谧、幽香的环山步道(图 6-20)。

整段分为楚木林韵、松馥兰香和鹃红蕨翠三大特色段,分别以楚辞植物、兰花、杜鹃为主题植物,主要增加中下层观赏植物。

景观特色:逐步增加彩叶树种,丰富林下植物,观赏点集中在中下层观花、叶植物。

典型配置模式:山林(现状)、葱兰、八仙花、花叶络石。

图 6-20 磨山道现状山林十地被

(4)郊野段

基于场地的资源和肌理,选用特色乡土植物,恢复东湖的自然生境和生态系统,以黄色为整段植物色彩的主色调,以观赏草及花果类农作物为特色,营造野趣、自然、生态的滨水景观生态走廊(图 6-21)。

整段形成荷蒲湿地、花田野趣、花道香径三大景观意向。采用上、中、下复层种植模式,模拟自然生境,节点处增加观赏植物。

景观特色:保留现有宅前屋后上层乔木,节点处增加观花果乡土植物,补充中层高草及下层花甸、观赏草及水生植物,观赏点为成片的高、中层草甸和低层花甸。

典型配置模式:乌桕、无患子、早樱、木芙蓉、碧桃、狼尾草、野花组合、向日葵、油菜花。

图 6-21 郊野道无患子十地被

6.2.5.2 四门户

(1)西入口:梨园广场

不在绿道一期建设范围内。

(2)东入口:落霞归雁

作为绿道东门户的落雁驿站(图 6-22),在满足人车分流、人流集散功能的前提下,以杉林湿地为背景,借现有"芦洲落雁"景点,形成一处将自然景观与驿站完全融合的门户节点。

图 6-22　落霞归雁驿站局部

广场主要以种植孤植特选乌桕、银杏为主,以保证驿站平台观景视线。片林组团以现状林木为背景。半岛上层选择鸟类喜欢的植物如乌桕、红果冬青等,下层以红花酢浆草、细叶芒、芦苇等营造疏朗开敞的林下空间,体现秋林归鸿的意境。广场北侧堤上种植双排水杉与清河桥水杉相呼应,南侧绿道两侧以早樱、紫玉兰结合下层草花打造花道特色。

(3)南入口:全景广场

全景广场(图 6-23)作为绿道的南门户,结合磨山、梅园、樱园及湖岸码头形成连续的景观开敞区,营造宜人的滨水开敞空间。

图 6-23 全景广场局部

在常绿树香樟、柚子树、桂花的映衬之下，秋季观赏林银杏、三角枫、枫香、乌桕、秋红枫（火树），以片植的樱花、梅花（银花）为主景，辅以其他开花地被，形成疏朗开敞、春赏繁华、秋观红叶的"火树银花"植物特色景观。

（4）楚山客厅：磨山抱翠

磨山北门（图 6-24）是磨山道与湖中、湖山道的交会点，也是进入磨山道的起点。设计以"磨山客厅、开放水岸"为主题，体现楚风汉韵、打造市民客厅，延续滨水、草坪空间格局，将游人从湖边引入山林，体验行走在山水之间多层次的空间变换。

临湖一侧以春秋景为主，保留梳理现有大树，适当点植春季观花以及秋季观叶乔木。靠近北门处以白玉兰、黄玉兰、二乔玉兰、紫玉兰为主，突出"辛夷缤纷"的主题。靠近楚城处湿地植物以池杉和梅花为主，呼应现有梅花片林。

图 6-24　磨山挹翠驿站局部

6.2.5.3　十八园

全线共设置 18 个特色植物主题景观,其中包括 6 个一级植物特色园,作为东湖绿道的重点进行打造,也成为未来吸引游人的亮点。同时规划 5 个二级植物特色园,7 个三级植物特色园,共同构成丰富多样的植物景观。

（1）一级特色园

1）湖光序曲——湖北特色植物园

保留现有植被群落并进行系统梳理,将形态较好的大树予以保留,结合现有植被的种植形式及布局,进行景观造景。

作为绿道起始点,新增树种以武汉市树、市花即水杉、梅花为主。延续该节点"从森林出发"的理念,保留现有上层乔木,清除胸径 8cm 以下的杂木,地被植物以湖北特色乡土地被为主,如虎耳草、矶根、过路黄、白及等,进一步突出湖北特色(图 6-25)。

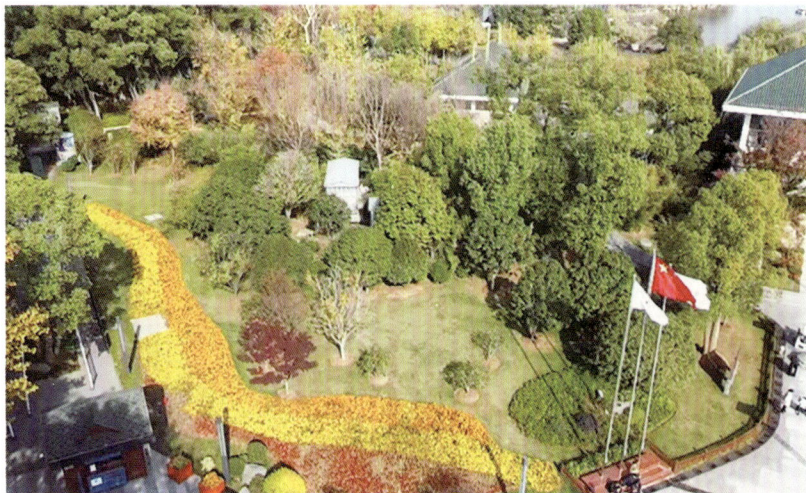

图 6-25　湖光序曲入口北侧

2）九女墩——纪念花园

以低冲击开发为理念,在保留现有乔木的基础上,以增加下层耐阴开花地被为主要特色,节点处种植湖北特色植物如白花、湖北木兰等,下层配置黄、白两色地被,以表达哀思、缅怀之情(图 6-26)。

图 6-26　九女墩的夏季与冬季

3）长堤杉影——湿地花田

保留现状渔场堤埂,以渔场历史传统肌理为骨架形成大小不一的湿地花田(图 6-27)。

图 6-27　长堤杉影东侧

选择东湖优势的水生植物在渔场内部水面形成各具特色的水生植物专类园,岸边种植水杉、垂柳、木芙蓉、碧桃、红枫等色叶、开花植物,形成水岸共彩的景观效果,打造特色鲜明的水花园,同时满足了人们亲水、近水、玩水的游赏体验。

4)湖心岛——湖心览胜

湖心岛凭借其独特的地理优势将东湖水域风光尽收眼底,充分挖掘利用滨水自然资源,通过植物造景将其打造为阳光草坪(图6-28)、环保花园、大师花园以及疏影花岛、沙滩浴场等五大部分,满足人们聚会、休憩、游玩、观赏的多功能需求以及不同的视觉感受。

种植主要突出春花秋色季相,主要特色观花树种:樱花、垂丝海棠;主要秋色叶树:水杉、池杉、三角枫、乌桕、鸡爪槭。地被选择以自然态植物金焰绣线菊、春鹃等为主。

图6-28　湖心归沐阳光草坪

5)鹅咏阳春——翘楚半岛

鹅咀被绿道主线分为东、西半岛(图6-29、图6-30)。

东岛采用"大树＋观花地被"的种植模式,边界以疏林围合,大树枝条交错,形成错落的林缘线和起伏的林冠线,并以树团、孤植树作为草坪空间的焦点,留出观望磨山的通透视线的同时,也为市民提供休憩荫蔽的绿色空间。

西岛采用组团式种植模式,以垂柳、碧桃、美国紫薇为主景,既有丰富的观花组团,同时外围疏朗可观赏广阔湖面,市民可以不同的角度感受到四季变换的完美景致。

图 6-29 鹅咏阳春东岛疏林草地

图 6-30 鹅咏阳春西岛采取组团式种植

6)曲港听荷——湿地禾园

保护这里的自然风貌,近观禾草,远观汤菱湖和华侨城的城市天际线(图 6-31)。通过对现场植被的有目的的保护和修复,并引入有景观价值的乡土品种和野生品种,特别是湖北特有的水生植物,通过合理的配置,形成以禾草湿地为主的低维护的植物群落。

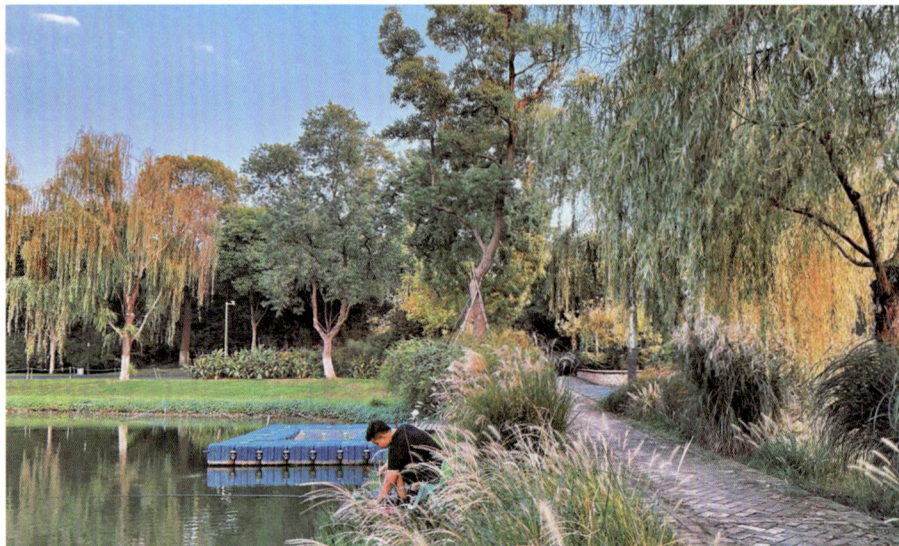

图 6-31   曲港听荷河塘两侧植物摇曳

（2）二、三级特色园

依托风景区现有专类园资源，根据节点总体布局，选择相应的植物种类分别形成各具特色的小型专类园，如金果园、梅雪园、芳香园、绣球园、健康花园、都市农庄、水生采摘园、鸟嗜植物园等，作为绿道二、三级特色园，丰富景观风貌、增加景观体验（图 6-32）。

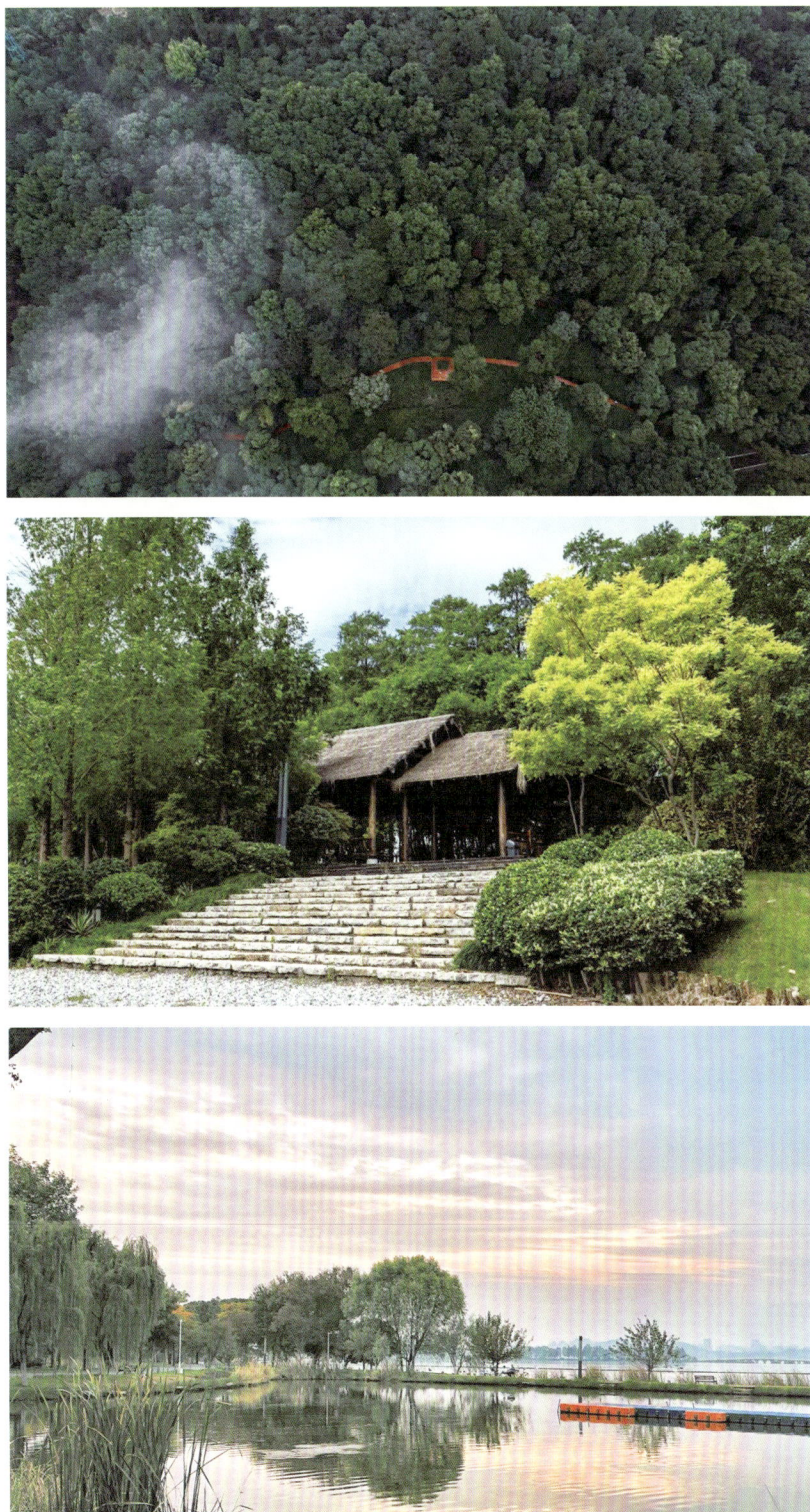

图 6-32　部分特色园局部

6.3 本章小结

本章通过邓家河片区综合利用 EPC＋F＋O 项目和武汉东湖绿道项目这两个案例将前文提到的相关理论进行了实例探究,从项目概况、植物配置的原则、总体和详细设计及植物种类名录等方面展开,研究的重点是植物种植方式、配置模块和植物名录三个方面。证明本书研究的成果在滨水景观项目实例中适用,并为将来的滨水植物景观配置提供理论和实践借鉴。

第7章 结 语

　　本研究从研究背景出发,论述了长江中下游滨水景观植物配置的相关概念和研究现状,明确研究的目的、意义和方法;通过确定滨水植物选择依据,对滨水植物进行了详细的分类,得出不同类型的植物种类的设计标准和主要植物,总结了较为详尽的长江中下游滨水绿化植物名录表(附表1)。在滨水植物配置方面,分析了配置依据、要求和原则,作为滨水植物配置的理论基础;进而对种植方式进行了详尽的研究,主要从点、线、面三个层级分析了点状独立式植物造景、线状序列式植物造景和面状组合式植物造景三种类型,并从滨水区和陆地区两种绿地环境进行了案例分析。进而引出了植物配置模块,区分为单层植物配置模块、二层植物配置模块、三层植物配置模块及三层以上植物配置模块,并对其应用场景进行了介绍。最后将以上内容融入工程应用当中,以邓家河片区综合利用项目和武汉东湖绿道项目为例,进行了较为详尽的阐述。

　　本研究受时间和精力的限制,在本研究中选用的案例数量、研究的主观性以及个人的植物造景的修养学识方面的局限性,因此,本研究成果有待进一步深入研究,以期获得更为准确且行之有效的滨水空间植物配置理论体系。

参考文献

[1]舒华蓉.宜昌市夷陵区森林公园植物景观研究[D].长沙:中南林业科技大学,2009.

[2]针之谷钟吉.西方造园变迁史[M].邹洪灿,译.北京:中国建筑工业出版社,1991.

[3]朱建宁.西方园林史:19世纪之前[M].北京:中国林业出版社,2001.

[4]陈波.杭州西湖园林植物配置研究——植物群落功能、种类组成与案例分析[D].杭州:浙江大学,2006.

[5]徐永荣.城市园林植物配置中的生态学原则[J].广东园林,1997(4):8-11.

[6]马锦义,武涛.中国传统造园植物造景艺术特征与手法[J].南京农业大学学报(社会科学版),2003,3(2).

[7]储亦婷,杨学军,唐东芹.从群落生活型结构探讨近自然植物景观设计[J].上海交通大学学报(农业科学版),2004,22(2).

[8]李珏.植物造景案例研究——以杭州西湖风景名胜区为例[D].杭州:浙江大学,2005.

[9]程凤环.滨水植物景观设计研究[D].长沙:中南林业科技大学,2007.

[10]朱钧珍.园林理水艺术[M].北京:中国林业出版社,1998.

[11]苏雪痕.植物造景[M].北京:中国林业出版社,1994.

附 表

附表1　　　　　　　　　　　　长江中下游滨水绿化植物名录

序号	类别	科	植物名称	学名	特性
1	常绿乔木				
1.1		松科	湿地松	*pinus elliottii*	树姿挺秀,叶荫浓
1.2		杉科	墨西哥落羽杉	*Taxodium mucronatum*	常绿乔木,树干笔直,枝叶茂盛,秋季落叶较迟,冠形雄伟秀丽
1.3		杉科	东方杉	*Taxodiomera peizhongii*	半常绿高大乔木,树干笔直,树体高大壮观,景观效果好
1.4		樟科	香樟	*Cinnamomum camphora*	常绿大乔木,枝、叶及木材均有樟脑气味
1.5		木兰科	乐昌含笑	*Michelia chapensis*	树干挺拔,树荫浓郁,花香醉人,可孤植或丛植于园林中,亦可作行道树
1.6		木兰科	深山含笑	*Michelia maudiae*	冬季不凋,早春白花满树,花大有清香,种子红色。树型美观,有较高的观赏价值和经济价值
1.7		杜英科	杜英	*Elaeocarpus decipiens*	常绿速生树种,花白色,是庭院观赏和四旁绿化的优良品种
1.8		冬青科	大叶冬青	*Ilex latifolia*	常绿大乔木,花淡黄绿色,果球形,成熟时红色
1.9		冬青科	红果冬青	*Ilex purpurea*	常绿大乔木,花淡黄绿色,果球形,成熟时红色

续表

序号	类别	科	植物名称	学名	特性
1.10		木樨科	女贞	*Ligustrum lucidum*	常绿灌木或乔木,枝叶茂密,树形整齐,是常用的观赏树种
1.11		槭树科	樟叶槭	*Acer coriaceifolium*	常绿乔木,枝叶茂密,常作庭荫树、行道树,秋季叶片变红
1.12		木樨科	桂花	*Osmanthus fragrans*	常绿乔木,枝叶茂密,树形美观,香气扑鼻
1.13		蔷薇科	石楠	*Photinia serrulata*	具圆形树冠,叶丛浓密,嫩叶红色,花白色、密生,冬季果实红色,是常见的栽培树种
1.14		蔷薇科	椤木石楠	*Photinia davidsoniae*	常见栽培于庭园及墓地附近,冬季叶片常绿并缀有黄红色果实,颇为美观
1.15		杨梅科	杨梅	*Myrica rubra*	枝繁叶茂,树冠圆整,初夏又有红果累累,十分可爱,是园林绿化结合生产的优良树种
1.16		芸香科	柚子树	*Citrus maxima*	叶大而厚,果实成熟时呈淡黄色或橙色
2	常绿灌木				
2.1		金缕梅科	小叶蚊母	*Distylium buxifolium*	花为红色或紫红色,具有观赏价值,可用于道路隔离带绿化、花坛绿化、庭院绿地
2.2		金缕梅科	蚊母树	*Distylium racemosum*	枝叶密集,树形整齐,叶色浓绿,经冬不凋
2.3		杨柳科	彩叶杞柳	*Salix integra*	彩叶杞柳树形优美,春季观新叶,夏,秋季节叶色亦迷人
2.4		木兰科	含笑	*Michelia figo*(Lour.)	芳香花木,苞润如玉,香幽若兰
2.5		海桐花科	海桐	*Pittosporum tobira*	枝叶繁茂,树冠球形,花白色,有芳香,后变黄色
2.6		夹竹桃科	夹竹桃	*Nerium oleander*	花大、艳丽、花期长,观赏价值高,植株具有毒性

序号	类别	科	植物名称	学名	特性
2.7		夹竹桃科	花叶夹竹桃	*Nerium indicum*	叶片黄绿相间,花大、艳丽、花期长,观赏价值高,植株具有毒性
2.8		木樨科	云南黄馨	*Jasminum mesnyi*	花明黄色,春季盛开,是受人们喜爱的观赏植物
2.9		茜草科	大花栀子	*Gardenia jasminoides*	花白色,极芳香,浆果卵形,黄色或橙色,是优良的芳香花卉
2.10		茜草科	小叶栀子	*Gardenia jasminoides*	花白色,极芳香,浆果卵形,黄色或橙色。是优良的芳香花卉
2.11		忍冬科	地中海荚蒾	*Viburnum tinus*	花冠形优美,花蕾殷红,花开时满树繁花,可孤植或群植,用作树球或庭院树
2.12		忍冬科	金银木	*Lonicera maackii*	花芳香,果实暗红色,花期5—6月,果熟期8—10月
2.13		山茶科	山茶	*Camellia japonica*	茶花花色品种繁多,花大多数为红色或淡红色,亦有白色
2.14		山茱萸科	洒金桃叶珊瑚	*Aucuba japonica* var. *variegata*	花瓣紫红色或暗紫色,浆果长卵圆形,成熟时暗紫色或黑色,花期3—4月,果期至翌年4月
2.15		小檗科	阔叶十大功劳	*Mahonia bealei*	枝干典雅美观、叶形奇特,成簇的黄花入秋进冬后开放,芳香宜人
2.16		小檗科	十大功劳(狭叶十大功劳)	*Mahonia fortunei*	叶形奇特,典雅美观,花期7—9月
3	落叶乔木				
3.1		杉科	水杉	*Metasequoia glyptostroboides*	树姿优美,适应性强,喜湿润,生长快

续表

序号	类别	科	植物名称	学名	特性
3.2		杉科	落羽杉	*Taxodium distichum*	其枝叶茂盛,秋季落叶较迟,冠形雄伟秀丽,是优美的庭园、道路绿化树种
3.3		杉科	池杉	*Taxodium distichum*	树形婆娑,枝叶秀丽,秋叶棕褐色,是观赏价值很高的园林树种,适生于水滨湿地条件
3.4		杉科	中山杉	*Taxodium 'Zhongshansha'*	树冠优美、绿色期长、耐水耐盐
3.5		杉科	水松	*Glyptostrobus pensilis*	可栽于河边、堤旁,作固堤护岸和防风之用。树形优美,可作庭园树种
3.6		杨柳科	垂柳	*Salix babylonica*	枝条细长,生长迅速,宜配植在水边,如桥头、池畔、河流、湖泊等水系沿岸处
3.7		杨柳科	旱柳	*Salix matsudana*	生长迅速,宜配植在水边,如桥头、池畔、河流,湖泊等水系沿岸处
3.8		杨柳科	加杨	*Populus × canadensis*	落叶高大乔木,树干笔直,秋季落叶前叶色变红
3.9		杨柳科	意杨	*Populus euramevicana*	落叶高大乔木,树干笔直,秋季落叶前叶色变红
3.10		榆科	榉树	*Zelkova serrata*	树姿端庄,高大雄伟,秋叶变成褐红色,是观赏秋叶的优良树种
3.11		榆科	朴树	*Celtis sinensis*	树冠圆满宽广、树荫浓密繁茂
3.12		榆科	榆树	*Ulmus pumila*	树冠广展,抗性强,是很好的造林及园林树种
3.13		榆科	榔榆	*Ulmus pumila*	树形优美,姿态潇洒,树皮斑驳,枝叶细密
3.14		榆科	珊瑚朴	*Celtis julianae*	果椭圆形至近球形,金黄色至橙黄色;3—4月开花,9—10月结果

序号	类别	科	植物名称	学名	特性
3.15		柽柳科	柽柳	*Tamarix chinensis*	枝条细柔,姿态婆娑,开花如红蓼,颇为美观
3.16		金缕梅科	枫香	*Liquidambar formosana*	具有很强的观赏性,在城市规划中也可以起到美化环境的作用
3.17		胡桃科	枫杨	*Pterocarya stenoptera*	树干高大,通直粗壮,树冠丰满开展,枝叶茂盛,绿荫浓密,叶色鲜亮艳丽,形态优美典雅
3.18		杜仲科	杜仲	*Eucommia ulmoides*	早春开花,秋后果实成熟
3.19		锦葵科	海滨木槿	*Hibiscus hamabo*	花色金黄,入秋后叶片变红,季相变化明显,是优良的观花观叶园林植物
3.20		壳斗科	板栗	*Castanea mollissima*	耐水湿,吸附能力强,可有效吸收有害气体,起到保护环境的作用
3.21		蓝果树科	喜树	*Camptotheca acuminata*	高大落叶乔木,较耐水湿,树干挺直,生长迅速,可种为庭园树或行道树
3.22		楝科	苦楝	*Melia azedarach*	树形优美,枝条秀丽,在春夏之交开淡紫色花,香味浓郁
3.23		楝科	香椿	*Toona sinensis*	6—8月开花,10—12月结果
3.24		木樨科	白蜡	*Fraxinus chinensis*	花期3—5月,果10月成熟
3.25		槭树科	美国红枫	*Acer rubrum*	树全年颜色丰富,灰色树皮,春天花和果实非常漂亮,秋天叶子呈亮红和黄色
3.26		槭树科	三角枫	*Acer buergerianum*	树姿优雅,干皮美丽,春季花色黄绿,入秋叶片变红
3.27		悬铃木科	悬铃木(英桐,二球悬铃木)	*Platanus acerifolia*(Aiton)	树冠广展,叶大荫浓,夏季降温效果极为显著
3.28		悬铃木科	法桐(三球悬铃木)	*Platanus orientalis*	树冠广展,叶大荫浓,夏季降温效果极为显著

续表

序号	类别	科	植物名称	学名	特性
3.29		悬铃木科	美桐（一球悬铃木）	*Platanus occidentalis*	树冠广展,叶大荫浓,夏季降温效果极为显著
3.30		无患子科	栾树	*Koelreuteria paniculata*	耐寒耐旱,常栽培作庭园观赏树
3.31		无患子科	黄山栾树	*Koelreuteria bipinnata*	耐寒耐旱,常栽培作庭园观赏树
3.32		无患子科	无患子	*Sapindus mukurossi*	树干通直,枝叶广展,绿荫稠密。冬季满树叶色金黄。是绿化的优良观叶、观果树种
3.33		蔷薇科	碧桃	*Amygdalus persica*	花朵丰腴,色彩鲜艳丰富,花型多,观赏价值高
3.34		蔷薇科	红叶碧桃	*Prunus persica*	花重瓣、桃红色,观赏价值高
3.35		蔷薇科	美人梅	*Prunus × blireana*	花色浅紫,重瓣花,先叶开放,花期春季,优良的园林观赏、环境绿化的树种
3.36		蔷薇科	日本晚樱	*Cerasus serrulata var. lannesiana*	树姿洒脱开展,花枝繁茂,花开满树,花大艳丽,常用作行道树、风景树、庭荫树
3.37		蔷薇科	棠梨	*Pyrus calleryana*	花白色,花期4月,果期8—9月
3.38		蔷薇科	红叶李	*Prunus cerasifera*	叶常年紫红色,著名观叶树种,孤植群植皆宜,能衬托背景
3.39		蔷薇科	桃树	*Amygdalus persica*	是一种果实作为水果的落叶小乔木,花可以观赏
3.40		豆科	合欢	*Albiziajulibrissin Durazz.*	花粉红色,喜光,耐干燥瘠薄
3.41		豆科	国槐	*Sophora japonica*	树型高大,花为淡黄色,花期在夏末,和其他树种花期不同,是一种重要的蜜源植物
3.42		忍冬科	木本绣球	*Viburnum macrocephalum*	树姿舒展,开花时白花满树,犹如积雪压枝,十分美观

序号	类别	科	植物名称	学名	特性
3.43		卫矛科	丝棉木	*Euonymus maackii*	树冠卵形或卵圆形,枝叶秀丽,入秋蒴果粉红色,为鸟嗜植物
3.44		大戟科	重阳木	*Bischofia polycarpa*	重阳木是良好的庭荫和行道树种。重阳木的叶片宽大、平展、硬挺迎风不易抖动
3.45		大戟科	乌桕	*Sapium sebiferum*	是一种色叶树种,春秋季叶色红艳夺目
3.46		千屈菜科	紫薇	*Lagerstroemia indica*	树姿优美,树干光滑洁净,花色艳丽;花期长,有"百日红"之称
4	落叶灌木				
4.1		虎耳草科	溲疏	*Deutzia scabra*	花枝伸展,花朵繁密,花色皎洁如雪,花期较长,适应性强
4.2		虎耳草科	重瓣溲疏	*Deutzia scabra* var. *candidissima*	花枝伸展,花朵繁密,重瓣,花色皎洁如雪,花期较长,适应性强
4.3		虎耳草科	八仙花	*Hydrangea macrophylla*	绣球花大色美,耐阴,是长江流域著名的观赏植物
4.4		大戟科	山麻杆	*Alchornea davidii*	是一种生长迅速的观叶、观花又赏果的美丽树种
4.5		锦葵科	木芙蓉	*Hibiscus mutabilis*	花大而色丽,中国自古以来多在庭园栽植,可孤植、丛植于墙边、路旁
4.6		锦葵科	木槿	*Hibiscus syriacus*	在园林中可做花篱式绿篱,孤植和丛植均可
4.7		蜡梅科	蜡梅	*Chimonanthus praecox*	花芳香美丽,是园林绿化植物
4.8		马鞭草科	牡荆	*Vitex negundo* var. *cannabifolia*	叶对生,掌状复叶,圆锥花序顶生,花冠淡紫色
4.9		马鞭草科	穗花牡荆	*Vitex agnus. castus*	蓝紫色的大型花序十分美丽
4.10		蔷薇科	棣棠	*Kerria japonica*	花枝叶秀丽,是枝、叶、花俱美的春花植物

续表

序号	类别	科	植物名称	学名	特性
4.11		蔷薇科	重瓣棣棠	*Kerria japonica*	花枝叶秀丽,是枝、叶、花俱美的春花植物
4.12		豆科	紫荆	*Cercis chinensis*	性喜欢光照,有一定的耐寒性,花紫红色或粉红色
4.13		忍冬科	接骨木	*Sambucus williamsii*	枝叶繁茂,春季白花满树,夏秋红果累累,是良好的观赏灌木
4.14		忍冬科	金叶接骨木	*Sambucus racemosa*	叶金黄色,枝叶繁茂,春季白花满树,夏秋红果累累,是良好的观赏灌木
4.15		忍冬科	锦带花	*Weigela florida*	枝叶茂密,花色艳丽,花期可长达两个多月
4.16		忍冬科	金边锦带花	*Weigela florida*	叶带金边,花红色、鲜艳、繁密,花期4—5月
4.17		忍冬科	红王子锦带	*Weigela florida*	株型美观,枝条修长,叶色独特,花朵稠密,花红艳丽
4.18		忍冬科	木本绣球	*Viburnum macrocephalum*	树姿舒展,开花时白花满树,犹如积雪压枝,十分美观
4.19		山茱萸科	红瑞木	*Cornus alba* Linnaeus	秋叶鲜红,小果洁白,落叶后枝干红艳如珊瑚,是少有的观茎植物
5	地被				
5.1		虎耳草科	虎耳草	*Saxifraga stolonifera*	小巧玲珑,叶片有花纹,耐阴耐水湿
5.2		报春花科	过路黄	*Lysimachia christinae*	喜温暖、阴凉、湿润环境
5.3		唇形科	深蓝鼠尾草	*Salvia guaranitica*	开蓝紫色至粉紫色花,有香味,叶有浓郁的香味
5.4		唇形科	墨西哥鼠尾草	*Salvia leucantha*	花叶俱美,花期长,适于公园、庭园等路边、花坛栽培观赏
5.5		夹竹桃科	花叶蔓长春	*Vinca major*	是理想的花叶鉴赏类地被材料

序号	类别	科	植物名称	学名	特性
5.6		夹竹桃科	花叶络石	*Trachelospermum jasminoides*	是攀缘、垂直等立体绿化的良好材料,同时也是地被绿化、防止水土流失的优良品种
5.7		堇菜科	紫花地丁	*Viola philippic*	植株低矮,自繁能力强,早春开花
5.8		堇菜科	早开堇菜	*Viola prionantha*	植株低矮,自繁能力强,早春开花
5.9		菊科	大滨菊	*Leucanthemum maximum*	花白色,花形舒展美观,花期长达 5 个月左右
5.10		菊科	蛇目菊	*Sanvitalia procumbens*	花朵密集,花期极长,为极好的地被绿化花卉
5.11		菊科	金鸡菊	*Coreopsis basalis*	花期有 4 个多月,花大而艳丽,花开时一片金黄
5.12		菊科	大花金鸡菊	*Coreopsis grandiflora*	花期有 4 个多月,花大而艳丽,花开时一片金黄
5.13		菊科	宿根天人菊	*Gaillardia aristata*	株型低矮、生长迅速,花朵繁茂整齐,花色鲜艳,花量大,花期长
5.14		菊科	大吴风草	*Ligularia tussilaginea*	姿态优美、花艳叶翠、观赏周期长
5.15		菊科	黄金菊	*Perennial chamomile*	舌状花及管状花均为金黄色,瘦果。花期春至夏
5.16		菊科	波斯菊	*Cosmos bipinnatus*	有粉、白、深红等色,适于布置花境,在草地边缘,树丛周围及路旁成片栽植,颇有野趣
5.17		菊科	松果菊	*Echinacea spp.*	花朵大型、花色艳丽、外形美观,可以作为花境、花坛、坡地的材料
5.18		爵床科	翠芦莉	*Aphelandra Ruellia*	花期持久,是布置花坛的理想材料,尤其是其耐高温能力强,是夏季花坛不可多得的花材

续表

序号	类别	科	植物名称	学名	特性
5.19		柳叶菜科	美丽月见草	*Oenothera speciosa*	株形丰满,花繁叶茂,色彩靓丽,芳香浓郁,观赏期长
5.20		柳叶菜科	千鸟花	*Gaura lindheimeri*	花期晚春至初秋;多花型,花蕾白色略带粉红,初花白色,谢花时浅粉红,花紫红色
5.21		马鞭草科	宿根美女樱	*Verbena hybrida*	花色有白、红、蓝、雪青、粉红等,花期为5—11月,性甚强健,可用作花坛、花境材料
5.22		马鞭草科	柳叶马鞭草	*Verbena bonariensis*	摇曳的身姿,娇艳的花色,繁茂而长久的观赏期,花色柔和,常大片种植以营造景观效果
5.23		马钱科	醉鱼草	*Buddleia lindleyana*	花芳香而美丽,为公园常见优良观赏植物
5.24		美人蕉科	花叶美人蕉	*Canna glauca*	叶革质,叶色艳丽,金黄色的叶面间杂着细密的绿色条纹,叶缘具红边,全缘
5.25		美人蕉科	大花美人蕉	*Canna generalis*	叶片翠绿,花朵艳丽,花色有乳白、淡黄、橘红、粉红、大红、紫红和洒金等
5.26		美人蕉科	紫叶美人蕉	*Canna warscewiezii*	花大色艳、色彩丰富,株形好
5.27		木贼科	木贼	*Equisetum hyemale*	喜生于山坡林下阴湿处,易生河岸湿地、溪边或杂草地
5.28		千屈菜科	矮紫薇	*Lagerstroemia indica*	株型更矮化、更紧凑,花色更好看,花期更长,耐旱耐寒耐高温,适合做花篱或地被用
5.29		千屈菜科	细叶萼距花	*Cuphea hyssopifolia*	鲜红色,口部白色。花期为春、夏、秋,四季开花不断
5.30		茜草科	大花栀子	*Gardenia jasminoides var. grandiflora*	是优良的芳香花卉
5.31		茜草科	小叶栀子	*Gardenia jasminoides*	是优良的芳香花卉
5.32		蔷薇科	蛇莓	*Duchesnea indica*	植株低矮,枝叶茂密,春季赏花、夏季观果

序号	类别	科	植物名称	学名	特性
5.33		蔷薇科	喷雪花	*Spiraea thunbergii*	珍珠梅株丛丰满,枝叶清秀,在缺花的盛夏开出清雅的白花而且花期很长;具耐阴的特性
5.34		蔷薇科	金焰绣线菊	*Spiraea bumalda*	其叶色有丰富的季相变化,有较高的观赏价值
5.35		蔷薇科	粉花绣线菊	*Spiraea japonica*	可作地被观花植物、花篱、花境。花繁叶密具有观赏价值,可作绿化植物
5.36		蔷薇科	平枝栒子	*Cotoneaster horizontalis*	枝密叶小,红果艳丽,适用于园林地被及制作盆景等
5.37		忍冬科	匍枝亮绿忍冬	*Lonicera nitida*	四季常青,叶色亮绿,生长旺盛,萌芽力强,分枝茂密,极耐修剪
5.38		莎草科	大叶苔草	*Carex tristachya*	可用作花坛、花境镶边观叶植物
5.39		莎草科	金叶苔草	*Carex 'Evergold'*	可用作花坛、花境镶边观叶植物
5.40		肾蕨科	肾蕨	*Nephrolepis cordifolia*	中国内外广泛应用的观赏蕨类
5.41		十字花科	油菜	*Brassica rapa* var. *oleifera*	3—4月开花,花鲜黄色
5.42		十字花科	二月兰	*Orychophragmus violaceus*	是北方地区不可多得的早春观花,冬季观绿的地被植物
5.43		石蒜科	石蒜(红花石蒜)	*Lycoris radiata*	红花,生于阴湿山坡和溪沟边,花叶不同放,观赏价值高
5.44		石蒜科	忽地笑	*Lycoris aurea*	黄花,生于阴湿山坡和溪沟边,花叶不同放,观赏价值高
5.45		石蒜科	葱兰	*Zephyranthes candida*	耐半阴,常用作花坛的镶边材料,也宜绿地丛植,最宜作林下半阴处的地被植物
5.46		藤黄科	金丝桃	*Hypericum chinensis*	集合成聚伞花序着生在枝顶,花色金黄,其呈束状纤细的雄蕊花丝也灿若金丝

序号	类别	科	植物名称	学名	特性
5.47		卫矛科	速铺扶芳藤	*Euonymus fortunei*	是优良的地被和垂直绿化植物
5.48		五福花科	接骨草	*Sambucus chinensis*	花冠白色,花药黄色或紫色;果实红色,近圆形。4—5月开花,8—9月结果
5.49		五加科	八角金盘	*Fatsia japonica*	叶丛四季油光青翠,叶片像绿色的手掌。性耐阴,在园林中常种植于假山边上或大树旁边
5.50		五加科	熊掌木	*Fatshedera lizei*	比八角金盘叶片小而厚实,相比之下,比较秀气
5.51		苋科	红莲子草	*Alternanthera paronychioides*	由于叶片有各种颜色,可用作布置花坛,排成各种图案
5.52		旋花科	马蹄金	*Dichondra repens*	叶色翠绿,植株低矮美观,耐轻度践踏,无须修剪。有固土护坡、绿化、净化环境的作用
5.53		鸢尾科	德国鸢尾	*Iris germanica*	耐寒性强,生长健壮,有深紫、纯白、桃红、淡紫等颜色,是极好的观花地被植物
5.54		鸢尾科	日本鸢尾	*Iris japonica*	性耐阴、耐旱,适合庭园荫蔽地美化、盆栽或切花
5.55		酢浆草科	紫叶酢浆草	*Oxalis triangularis*	小花繁多,烂漫可爱
5.56		酢浆草科	红花酢浆草	*Oxalis corymbosa*	叶片颜色为艳丽的紫红色,5月开花,长达数月
5.57		唇形科	多花筋骨草	*Ajuga multiflora*	5月开始,长达数月,常绿观叶、观花地被植物
5.58		百合科	玉簪	*Hosta plantaginea*	性喜阴湿环境,花白色,芳香,具有较高的观赏效果
5.59		百合科	花叶玉簪	*Hosta undulata*	性喜阴湿环境,叶片有白色或黄色斑纹,花白色,芳香,具有较高的观赏效果
5.60		百合科	大花萱草	*Hemerocallis x jybrida*	适应性强,品种繁多,花期长,花型多样,花色丰富

序号	类别	科	植物名称	学名	特性
5.61		百合科	金娃娃萱草	*Hemerocallis fulva*	花期长,叶丛绿色期长,花径大,单花时间长,株型矮壮
5.62		百合科	沿阶草	*Ophiopogon bodinieri*	长势强健,耐阴性强,覆盖效果较快,可成片栽于风景区的阴湿空地和水边湖畔做地被植物
5.63		百合科	麦冬	*Ophitopogin japonicum*	常绿、耐阴、耐寒、耐旱、抗病虫害等多种优良性状
5.64		百合科	金边阔叶麦冬	*Liriope muscari*	不可多得的常绿,耐寒,耐旱,既可观叶,也能观花
5.65		百合科	细叶麦冬	*Liriope spicata*	喜半阴,湿润而通风良好的环境,常野生于沟旁及山坡草丛中,耐寒性强
5.66		百合科	兰花三七	*Liriope cymbidiomorpha*	耐寒、耐阴、耐涝是其特点,且四季常青,夏季开出一串串翠蓝的花,景观效果甚佳
5.67		百合科	吉祥草	*Reineckia carnea*	株形优美,叶色青翠,是非常好的家庭装饰花卉
5.68		百合科	蜘蛛抱蛋	*Aspidistra elatior*	叶形挺拔整齐,叶色浓绿光亮,姿态优美、淡雅而有风度;长势强健,适应性强,极耐阴
5.69		禾本科	紫穗狼尾草	*Pennisetum orientale*	夏季大量花序开放,飘逸弯曲,状如喷泉,极为美观
5.70		禾本科	小兔子狼尾草	*Pennisetum alopecuroides*	最低矮的观赏狼尾草,花期自晚夏、初秋至仲秋
5.71		禾本科	矮蒲苇	*Cortaderia selloana*	国外著名的观赏草,用于园林绿化或岸边栽植
5.72		禾本科	花叶蒲苇	*Cortaderia selloana*	常绿,叶绿色,丛生。植株叶高,9月至次年1月挂穗
5.73		禾本科	柳枝稷	*Panicum virgatum*	既可作为饲草,水土保持和风障植物,同时也是生物燃料和生产替代能源的原材料

序号	类别	科	植物名称	学名	特性
5.74		禾本科	拂子茅	*Calamagrostis epigeios*	分布遍及全国,生于海拔160～3900m 的潮湿地及河岸沟渠旁
5.75		禾本科	粉黛乱子草	*Muhlenbergia capillaris*	适合大片种植,景色非常壮观,观赏性极佳。亦可孤植、盆栽或作为背景、镶边材料
5.76		禾本科	玉带草	*Phalaris arundinacea var. picta*	生于海拔 75～3200m 的林下、潮湿草地或水湿处
5.77		禾本科	细叶芒	*Miscanthus sinensis*	姿态优美、形态多样、抗逆性强、分布范围广、繁殖容易
5.78		禾本科	斑叶芒	*Miscanthus sinensis*	具横向斑纹,形态奇特,是切叶的优良材料,是优良的园林绿化用材
5.79		禾本科	花叶芒	*Miscanthus sinensis*	点缀植物,可单株种植,可片植或盆栽,也与其他花卉及各色萱草组合搭配种植
5.80		禾本科	柔穗狼尾草	*Pennisetum alopecuroides*	优秀的观赏草
5.81		禾本科	白穗狼尾草	*Pennisetum alopecuroides*	优秀的观赏草
5.82		禾本科	大布尼狼尾草	*Pennisetum alopecuroides*	优秀的观赏草
5.83		禾本科	紫叶狼尾草	*Pennisetum setaceum*	优秀的观赏草
5.84		禾本科	东方狼尾草	*Pennisetum orientale*	优秀的观赏草
5.85		禾本科	矮株狼尾草	*Pennisetum alopecuroides*	优秀的观赏草
5.86		禾本科	血草	*Imperata cylindrical*	优良的彩叶观赏草。由日本引入,也有叫作"日本血草"
5.87		禾本科	阔叶箬竹	*Indocalamus latifolius*	枝叶茂密,易修剪造型,抗冻耐寒,适于建植竹篱或作地被竹,也可植于河边护岸
6	水生植物				
6.1		灯芯草科	灯芯草	*Juncus pauciflorus*	多年生草本植物,花淡绿色
6.2		蓼科	红蓼	*Polygonum orientale*	是绿化、美化庭园的优良草本植物。红蓼的茎、叶、花适于观赏

续表

序号	类别	科	植物名称	学名	特性
6.3		菱科	菱	*Trapa incisa var. sieb.*	一年生浮水水生草本植物
6.4		龙胆科	荇菜	*Nymphoides peltatum*	叶片小巧别致,似睡莲,鲜黄色的花朵挺出水面,绿中带黄。花朵较多,花期长
6.5		美人蕉科	水生美人蕉	*Canna glauca*	茎叶茂盛,花色艳丽,花期长,耐水淹,也可在陆地生长
6.6		千屈菜科	千屈菜	*Lythrum salicaria*	株丛整齐,耸立而清秀,花朵繁茂,花序长,花期长
6.7		莎草科	水葱	*Scirpus validus*	匍匐根状茎粗壮,具许多须根
6.8		莎草科	旱伞草	*Cyperus alternifolius*	常依水而生,植株茂密,丛生,茎秆秀雅挺拔
6.9		禾本科	荻	*Miscanthus sacchariflorus*	多年生高大草本,繁殖力强,耐瘠薄土壤
6.10		禾本科	蒲苇	*Cortaderia slloana*	高大优美,四季常绿,圆锥花序呈纺锤状,花期长,观赏性强
6.11		禾本科	芦苇	*Phragmites australis*	多种在水边,在开花季节特别漂亮,可供观赏
6.12		禾本科	芦竹	*Arundo donax*	喜温暖,喜水湿,耐寒性不强
6.13		禾本科	花叶芦竹	*Arundo donax var. versicolor*	多年生草本植物,根状茎发达
6.14		禾本科	水稻	*Oryza sativa*	一年生水生草本
6.15		禾本科	茭白	*Zizania latifolia*	是固堤造陆的先锋植物
6.16		禾本科	芭茅	*Miscanthus floridulus*	多年生草本,具发达根状茎。秆高大似竹
6.17		水鳖科	苦草	*Vallisneria asiatica*	叶长、翠绿、丛生
6.18		睡莲科	睡莲	*Nymphaea tetragona*	多种于水边,在开花季节特别漂亮,可供观赏
6.19		睡莲科	萍蓬草	*Nuphar pumilum*	是一种观叶、观花植物,夏季开花,花朵金黄鲜艳
6.20		睡莲科	芡实	*Euryale ferox*	一年生大型水生草本,沉水叶箭形或椭圆肾形

续表

序号	类别	科	植物名称	学名	特性
6.21		睡莲科	荷花	*Nelumbo nucifera*	多种于水边,在开花季节特别漂亮,可供观赏
6.22		金鱼藻科	金鱼藻	*Ceratophyllum demersum*	多年生长于小湖泊静水处,曾经于池塘、水沟等处常见
6.23		天南星	金叶石菖蒲	*Acorus gramineus*	可成片密植或丛植、条植于水体的边缘,做浅水景绿化或水边石上附石绿化
6.24		香蒲科	香蒲	*Typha angustata*	该种叶片挺拔,花序粗壮,常用于花卉观赏
6.25		香蒲科	水烛	*Typha angustifolia*	多年生挺水植物,株形挺拔,叶形优美,穗状花序奇特可爱
6.26		小二仙草科	狐尾藻	*Myriophyllum verticillatum*	多年生粗壮沉水草本,根状茎发达,在水底泥中蔓延,节部生根
6.27		眼子菜科	菹草	*Potamogeton crispus*	多年生沉水草本植物
6.28		雨久花科	梭鱼草	*Pontederia cordata*	叶色翠绿,花色迷人,花期较长
6.29		鸢尾科	常绿水生鸢尾	*Water Iris*	果实大,不结籽,是沼泽地绿化和美化环境的优良材料
6.30		鸢尾科	黄菖蒲	*Iris pseudacorus*	是少有的水生和陆生兼备的花
6.31		鸢尾科	花菖蒲	*Iris ensata*	花朵硕大,色彩艳丽,如鸢似蝶,花期较长,叶片青翠碧绿,挺直似剑,观赏价值极高
6.32		泽泻科	慈姑	*Sagittaria sagittifolia*	多年生草本植物,生在水里,叶子像箭头,开白花
6.33		泽泻科	泽泻	*Alisma orientale*	花较大,花期较长,用于花卉观赏
6.34		竹芋科	再力花	*Thalia dealbata*	有美丽的外表,其叶、花有很高的观赏价值,花期长,花和花茎形态优雅飘逸

附表2　　邓家河D区绿化植物名录

序号	类别	名称	学名	是否在名录内
1	常绿乔木	香樟（特）	*Cinnamomum camphora*	是
2		丛生香樟（特）	*Cinnamomum camphora*	是
3		柚子树（特）	*Citrus maxima*	是
4		造型黑松	*Pinus thunbergii*	否
5		罗汉松	*Podocarpus macrophyllus*	否
6		香樟A	*Cinnamomum camphora*	是
7		香樟B	*Cinnamomum camphora*	是
8		女贞	*Ligustrum lucidum*	是
9		广玉兰	*Magnolia grandiflora*	否
10		桂花A	*Osmanthus fragrans*	是
11		桂花B	*Osmanthus fragrans*	是
12		桂花C	*Osmanthus fragrans*	是
13		红叶石楠树	*Photinia × fraseri*	是
14		枇杷	*Eriobotrya japonica*	否
15		丛生柚子树	*Citrus grandis*	是
16		杨梅	*Myrica rubra*	是
17		乐昌含笑	*Michelia chapensis*	是
18	落叶乔木	朴树（特1）	*Celtis tetrandra*	是
19		朴树（特2）	*Celtis tetrandra*	是
20		丛生朴树（特）	*Celtis tetrandra*	是
21		榔榆（特）	*Ulmus pumila*	是
22		三角枫（特）	*Acer buergerianum*	是
23		红枫（特）	*Acer palmatum*	否
24		梅花（特）	*Prunus mume*	否
25		樱花（特）	*Cerasus subhirtella*	是
26		银杏	*Ginkgo biloba*	否
27		栾树A	*Koelreuteria paniculata*	是
28		栾树B	*Koelreuteria paniculata*	是
29		朴树A	*Celtis tetrandra*	是
30		朴树B	*Celtis tetrandra*	是
31		垂柳A	*Salix babylonica*	是
32		垂柳B	*Salix babylonica*	是
33		无患子A	*Sapindus mukurossi*	是

序号	类别	名称	学名	是否在名录内
34		无患子 B	*Sapindus mukurossi*	是
35		水杉	*Metasequoia glyptostroboides*	是
36		落羽杉 A	*Taxodium distichum*	是
37		落羽杉 B	*Taxodium distichum*	是
38		紫玉兰	*Magnolia liliflora*	否
39		榉树	*Zelkova schneideriana*	是
40		乌桕 A	*Sapium sebiferum*	是
41		乌桕 B	*Sapium sebiferum*	是
42		乌桕 C	*Sapium sebiferum*	是
43		丛生乌桕	*Sapium sebiferum*	是
44		弯秆乌桕	*Sapium sebiferum*	是
45		枫杨	*Pterocarya stenoptera*	是
46		法桐	*Platanus spp.*	是
47		三角枫 A	*Acer buergerianum*	是
48		三角枫 B	*Acer buergerianum*	是
49	落叶乔木	美国红枫	*Ace freemeni*	是
50		红枫	*Acer palmatum*	否
51		羽毛枫	*Acer palmatum*	否
52		黄金槐	*Sophora japonica*	是
53		蜡梅	*Chimonanthus praecox*	是
54		玉蝶梅	*Armeniaca mume var. mume f. carnosa*	否
55		宫粉梅	*Armeniaca mume var. mume f. alphandii*	否
56		朱砂梅	*Armeniaca mume var. mume f. purpurea*	否
57		早樱 A	*Cerasus yedoensis*	是
58		早樱 B	*Cerasus yedoensis*	是
59		早樱 C	*Cerasus yedoensis*	是
60		日本晚樱	*Cerasus serrulata var. lannesiana*	是
61		垂丝海棠	*Malus halliana*	是
62		红叶李	*Prunus cerasifera*	是
63		花石榴	*Punica granatum*	否
64		红叶碧桃	*Prunus persica*	是
65		紫薇 A	*Lagerstroemia indica*	是
66		紫薇 B	*Lagerstroemia indica*	是

序号	类别	名称	学名	是否在名录内
67	落叶乔木	美国紫薇	*Lagerstroemia indica*	是
68		福建紫薇	*Lagerstroemia limii*	是
69	灌木	木本绣球	*Viburnum macrocephalum*	是
70		天目琼花	*Viburnum opulus var. calvescens f. calvescens*	是
71		木芙蓉	*Hibiscus mutabilis*	是
72		紫荆	*Cercis chinensis*	是
73		喷雪花	*Spiraea thunbergii*	是
74		树状月季	*Rosa chinensis*	是
75		花叶杞柳	*Salix integra*	是
76		苏铁	*Cycas revoluta*	否
77		红花檵木球	*Loropetalum chinense*	是
78		红叶石楠球	*Photinia serrulata*	是
79		海桐球	*Pittosporum tobira*	是
80		金禾女贞球	*Ligustrum japonicum*	是
81		无刺枸骨球	*Ilex cornuta var. fortune*	否
82		栀子花球	*Gardenia jasminoides*	是
83		茶梅球	*Camellia sasanqua*	是
84	藤本植物	紫藤	*Wisteria sinensis*	否
85		藤本月季	*Morden cvs.*	否
86	木本	红叶石楠	*Photinia × fraseri*	否
87		金森女贞	*Ligustrum japonicum*	否
88		金禾女贞	*Ligustrum quihoui*	否
89		海桐	*Pittosporum tobira*	是
90		金叶大花六道木	*Abelia grandiflora*	否
91		红花檵木	*Loropetalum chinensis var. rubrum*	否
92		金边黄杨	*Euonymus japonicus*	否
93		火焰南天竹	*Nandina domestica*	否
94		匍枝亮绿忍冬	*Lonicera nitida*	是
95		春鹃	*Rhododendron simsii*	否
96		毛白杜鹃	*Rhododendron mucronatum*	否
97		安酷杜鹃	*Rhododendron oldhamii*	否
98		狭叶十大功劳	*Mahonia fortunei*	是
99		夏鹃	*Rhododendron pulchrum*	否

续表

序号	类别	名称	学名	是否在名录内
100	木本	丰花月季	*Rosa cultivars Floribunda*	否
101		壮花月季	*Rosa grandiflora*	否
102		大花栀子	*Gardenia jasminoides var. grandiflora*	是
103		小叶栀子	*Gardenia jasminoides*	是
104		黄金枸骨	*llex×attenuata*	否
105		八角金盘	*Fatsia japonica*	是
106		熊掌木	*Fatshedera lizei*	是
107		茶梅	*Camellia sasangua*	否
108		地中海荚蒾	*Viburnum tinus*	是
109		花叶杞柳	*Salix integra*	是
110		水果蓝	*Teucrium fruitcans*	否
111		金焰绣线菊	*Spiraea bumalda*	是
112		粉花绣线菊	*Spiraea japonica*	是
113		金丝桃	*Hypericum chinensis*	是
114		红王子锦带	*Weigela florida*	是
115		花叶香桃木	*Myrfus communis*	否
116		云南黄馨	*Jasminum mesnyi*	是
117		圆锥绣球	*Hydrangea paniculata*	是
118	草本	八仙花	*Lonicera maackii*	是
119		芳香万寿菊	*Tagetes lemmonii*	否
120		德国鸢尾	*Iris germanica*	是
121		大花萱草	*Hemerocallis hybrida*	是
122		金娃娃萱草	*Hemerocallis fuava*	是
123		二月兰	*Orychophragmus violaceus*	是
124		百子莲	*Agapanthus africanus*	是
125		吉祥草百子莲混种	——	是
126		紫娇花	*Tulbaghia violacea*	否
127		混色美女樱	*Verbena hybrida*	是
128		香叶万寿菊	*Tagetes erecta*	否
129		黄金菊	*Perennial chamomile*	是
130		大花金鸡菊	*Coreopsis grandiflora*	是
131		波斯菊	*Cosmos bipinnata*	是
132		松果菊	*Echinacea spp.*	是

序号	类别	名称	学名	是否在名录内
133		美丽月见草	*Oenothera speciosa*	是
134		蜀葵	*Althaea rosea*	否
135		半支莲	*Portulaca grandiflora*	否
136		红花石蒜＋麦冬	——	是
137		大吴风草	*Ligularia tussilaginea*	是
138		红花酢浆草	*Oxalis corymbosa*	是
139		多花筋骨草	*Ajuga multiflora*	是
140		千鸟花	*Gaura lindheimeri*	是
141		柳叶马鞭草	*Verbena bonariensis*	是
142		深蓝鼠尾草	*Salvia guaranitica*	是
143		墨西哥鼠尾草	*Salvia leucantha*	是
144		花叶美人蕉	*Canna glauca*	是
145		大花美人蕉	*Canna generalis*	是
146		花叶玉簪	*Hosta undulata*	是
147		葱兰	*Zephyranthes candida*	是
148	草本	玉龙草	*Ophiopogon japonicus*	是
149		麦冬	*Ophitopogin japonicum*	是
150		金边阔叶麦冬	*Liriope muscari*	是
151		吉祥草	*Reineckia carnea*	是
152		矮蒲苇	*Cortaderia selloana*	是
153		拂子茅	*Calamagrostis epigeios*	是
154		细叶芒	*Miscanthus sinensis*	是
155		斑叶芒	*Miscanthus sinensis*	是
156		紫穗狼尾草	*Pennisetum alopecuroides*	是
157		东方狼尾草	*Pennisetum orientale*	是
158		小兔子狼尾草	*Pennisetum alopecuroides*	是
159		矮株狼尾草	*Pennisetum alopecuroides*	是
160		肾蕨	*Nephrolepis cordifolia*	是
161		翠芦莉	*Aphelandra Ruellia*	是
162		金叶石菖蒲	*Acorus gramineus*	是
163		三色堇	*Viola tricolor*	否
164		彩叶草	*Coleus scutellarioides*	否

续表

序号	类别	名称	学名	是否在名录内
165	草本	时令花卉（红色系）	——	否
166		时令花卉（黄色系）	——	否
167		花境	——	否
168		缀花草坪	——	否
169		草坪	——	否
170	竹类	刚竹	*Phyllostachys viridis*	否
171		黄金间碧竹	*Bambusa vulgaris*	否
172		紫竹	*Phyllostachys nigra*	否
173	水生植物	再力花	*Thalia dealbata*	是
174		芦苇	*Phragmites australis*	是
175		花叶芦竹	*Arundo donax var. versicolor*	是
176		水葱	*Scirpus validus*	是
177		旱伞草	*Cyperus alternifolius*	是
178		千屈菜	*Lythrum salicaria*	是
179		荷花	*Nelumbo nucifera*	是
180		水生美人蕉	*Canna glauca*	是
181		黄菖蒲	*Iris pseudacorus*	是